MONOGRAPHIE

DU GENRE

TESTACELLE,

PAR MM.

J.-B. GASSIES ET P. FISCHER,

MEMBRES DE PLUSIEURS SOCIÉTÉS SAVANTES.

Extrait des ACTES de la Société Linnéenne de Bordeaux, T. XXI, 3e série.

PARIS.

CHEZ J.-B. BAILLIÈRE,

LIBRAIRE DE L'ÉCOLE IMPÉRIALE DE MÉDECINE,

Rue Hautefeuille, 19.

A LONDRES, CHEZ H. BAILLIÈRE, | A NEW-YORCK, CHEZ H. BAILLIÈRE,
219, Regent-Street. | 290, Broadway

1856.

OUVRAGES DE M. J. B. GASSIES.

Essai sur le Bulime tronqué; in-8.º, 2 pl. — 1847.

Tableau méthodique et descriptif des Mollusques terrestres et d'eau douce de l'Agenais; gr. in-8.º, avec 4 pl. gravées et coloriées. — 1849.

Quelques faits d'Embryogénie des Ancyles et en particulier sur l'*An. capuloïdes* Porro; in-8.º avec 1 pl. — 1851.

Première Note sur les Mollusques à ajouter à la faune de la Gironde, dans les *Actes de la Société Linnéenne* de Bordeaux; — 1851.

Deuxième Note, *idem*, *idem*, — 1853.

Observations relatives aux accouplements adultérins de certains mollusques terrestres. — 1852.

Quelques mots de réponse à M. Bourguignat, à propos de son *Ancylus Janii*. — 1854.

Description des Pisidies *(Pisidium)*, observées à l'état vivant, dans la région aquitanique du sud-ouest de la France, avec 2 pl. — 1855.

Description des coquilles terrestres et d'eau douce d'Algérie, envoyées à la Société Linnéenne de Bordeaux par M. le capitaine Mayran. 1 pl. — 1856.

Monographie du genre Testacelle, en collaboration avec M. P. Fischer. 2 pl. — 1856.

Sous-presse :

Rectification de quelques Synonymes dans le genre *Pisidium*.

OUVRAGES DE M. P. FISCHER.

Note sur l'Érosion du têt chez les coquilles fluviatiles univalves (1852); 1 pl.

Addition à cette Note (1854).

Des phénomènes qui accompagnent l'immersion des mollusques terrestres (1853).

De l'Épiphragme et de sa formation (1854).

Mélanges de conchyliologie; 1 vol., 6 pl. (1854- 56).

Mollusques terrestres et fluviatiles à ajouter au catalogue de la Gironde 1853 .

Monographie du genre *Daudebardia*; 1 pl. (1856).

Note sur le genre *Krynickia* (1856).

De l'influence des îles sur le espèces (1856).

MONOGRAPHIE

DU GENRE

TESTACELLE,

PAR MM.

J.-B. GASSIES ET P. FISCHER.

Membres de plusieurs Sociétés Savantes

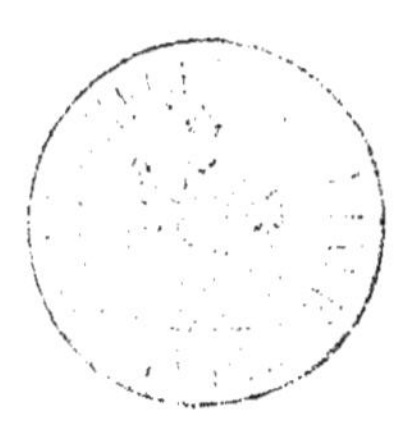

PARIS.

CHEZ J.-B. BAILLIÈRE,

LIBRAIRE DE L'ÉCOLE IMPÉRIALE DE MÉDECINE,

Rue Hautefeuille, 19.

A LONDRES, CHEZ H. BAILLIÈRE, | A NEW-YORCK, CHEZ H. BAILLIÈRE,
219, Regent-Street. | 290, Broadway.

1856.

MONOGRAPHIE

DU

GENRE TESTACELLE.

INTRODUCTION.

La meilleure méthode à suivre en histoire naturelle est, à notre avis, l'étude des genres pris séparément. Elle comprend alors l'observation des espèces, des variétés, et conduit à classer chaque être selon la place que la nature semble lui avoir assignée.

Nous avons adopté cette méthode, et de nombreux matériaux sont à notre disposition, pour publier selon leur degré d'opportunité et le temps dont nous pourrons disposer, quelques monographies de genre. Nous le ferons à des intervalles qui nous permettront une saine appréciation des faits.

Dans la science qui nous occupe, la collaboration a de grands avantages : à des distances même éloignées, les documents se multiplient et sont discutés avec plus de soin. Nous avons donc pensé que nos travaux acquerraient plus de certitude, lorsque chacun apporterait la somme de ses connaissances à l'œuvre commune, et la spécialité dans laquelle il se plait. Nous nous sommes distribués certaines parties à traiter, telles que l'anatomie, les observations physiologiques, les mœurs, les recherches de bibliographie, nous réservant un contrôle général sur l'ensemble.

Persuadés que le genre Testacelle, restreint à quelques espèces encore peu connues, réclamait une révision sévère; que les mœurs et l'anatomie des animaux de ce groupe pouvaient être étudiés d'une manière plus complète, nous nous sommes mis à l'œuvre avec ardeur. Nous espérons avoir réussi à élucider l'histoire de ces mollusques dans la plupart de ses détails; et, si notre travail n'est pas plus considérable, c'est que nous ne parlons que de ce que nous avons vu. Notre seul désir a été de mériter l'approbation de nos maîtres en malacologie.

Les documents, les échantillons, les communications, nous ont été accordés avec empressement par toutes les personnes auxquelles nous nous sommes adressés. Qu'il nous soit permis de remercier spécialement :

MM. ASTIER (*T. bisulcata*, de Grasse).
    BAUGIER (Testacelles des Deux-Sèvres).
    BOURGUIGNAT (plusieurs espèces).
    CABRIT (les espèces de sa collection).
    CAZENAVETTE (les Testacelles de Bordeaux).
    COMME (*Idem*).
    DES MOULINS (les types de Férussac et de Rang).
    DESHAYES (ses types).
    D'ORBIGNY (types des Canaries).
    DURIEU (espèces de Bordeaux).
    JAUDOUIN (*Idem*).
    MORELET (types du Portugal).
    NOULET (les espèces fossiles).
    PETIT DE LA SAUSSAYE (types d'Angleterre).
    ROUSSEL (les espèces de Bordeaux).
    SOUVERBIE (Testacelles du Périgord).

Bordeaux et Paris, Août 1856.

HISTORIQUE DU GENRE.

Plus les mœurs de certains animaux sont tranchées et plus vite elles sont mentionnées, étudiées et connues. On peut trouver une preuve de cette vérité dans l'historique du genre Testacelle, car il faut remonter à plus d'un siècle pour découvrir des documents qui s'y rapportent.

En 1740, Réaumur publiait la note suivante dans les Mémoires de l'Académie des Sciences (1) :

« M. Dugué écrit de Dieppe à M. de Réaumur, qu'il y a dans cette ville, un jardin où se trouve une espèce de limace inconnue aux jardiniers du pays. Elle est longue de dix-huit à vingt lignes, et a, à peu près, la forme des limaçons rouges qui courent sur la terre et n'ont point de coquille. Elle se terre à la façon des vers et ne sort que la nuit. Elle porte sur la croupe une partie semblable à un ongle, placé comme il l'est au bout du doigt, pour le moins aussi dure. Tout l'animal est si dur, qu'on a peine à le couper avec un couteau. On l'a enfermé dans un pot avec des vers de terre longs de trois à quatre pouces et gros comme une plume ; il s'en nourrit quoique beaucoup moins fort qu'eux en apparence. Il met quatre ou cinq heures à en avaler un entièrement ; mais ce long temps ne lui fait pas hasarder de perdre sa proie ; quand il l'a une fois saisie par un bout, elle ne peut plus échapper, quelques efforts qu'elle fasse. Il dépose en terre ses œufs parfaitement ronds d'abord, et qui ne sont qu'une petite pellicule remplie d'une humeur visqueuse ; mais au bout de quinze jours ou un peu plus, l'humeur s'épaissit, la forme ronde se change en ovale et la limace éclot comme un poulet. »

Ces observations sont intéressantes et complètes : la forme, les mœurs, la ponte de la Testacelle y sont parfaitement indiquées (2).

En 1754, de La Faille, de la Rochelle, correspondant de l'Académie des Sciences, ayant étudié cette limace, envoya un mémoire à Guettard ; mais il ne fut pas imprimé et resta probablement dans les papiers de ce dernier.

---

(1) *Observations de Physique générale*, p. 1-2.

(2) Faisons remarquer seulement que dans toutes les Testacelles que nous avons vues, jamais la forme des œufs n'a changé après la ponte.

Vingt ans après, en 1774, nouveau mémoire de La Faille, adressé à Favanne, et accompagné de l'animal conservé dans l'alcool. De La Faille attribuait la découverte de la limace à coquille, à Guillemeau, médecin de Niort. Le mémoire resta dans l'oubli comme le premier, mais le mollusque fut dessiné et publié plus tard dans le grand ouvrage de Favanne.

En 1779, Valmont-Bomare reçut une lettre relative aux Testacelles. Il en a donné cet extrait (1) :

« M. le vicomte de Querhoent, habitant le Croisic, en Bretagne, nous a mandé que le 28 du mois d'Octobre 1779, son jardinier, étant à chercher, le soir avec une lanterne, des limaces qui dévoraient les plantes rares qu'on avait intérêt de conserver, trouva un de ces animaux qui avait la moitié du corps en terre; croyant que cette limace était à déposer ses œufs, il souleva la terre avec un morceau de bois, pour avoir en même temps les œufs; mais il fut bien surpris de retirer avec la limace un ver de terre assez gros, qu'elle avait déjà avalé en grande partie, et dont le reste était encore bien vivant. Voulant vérifier si le ver s'était introduit dans le corps de la limace, M. Querhoent l'en retira avec assez de peine; il vit clairement au changement de couleur et à la mortification de la partie avalée, que cette limace avait voulu en faire sa proie; ce fait d'histoire naturelle est d'autant plus singulier, qu'on n'avait jamais soupçonné les limaces d'être voraces. Cette limace était grise et de taille médiocre. »

Quoique l'auteur de cette lettre ne mentionne pas la présence de la coquille, on ne peut douter que le mollusque observé soit une Testacelle.

Favanne en 1780 (2) devait en donner la première figure que nous connaissions. Il apprécie avec justesse les caractères zoologiques des limaces à coquilles, et en forme une section composée de trois espèces. Voici ses réflexions.

« Il paraissait y avoir dans la nature, entre les animaux nus et rampants et les testacées terrestres, une sorte de saut ou d'intervalle qui n'existe plus depuis la découverte de la Limace testacée; cette espèce que nous devons à M. de La Faille, de la Rochelle, qui nous a fait voir l'animal même qu'il conserve dans sa collection, porte sur le bout de sa queue, une coquille qui a la forme du Lépas cabochon. »

---

(1) *Dictionn. d'Hist. nat.*, 4ᵉ édit. t. 4 p. 579. (1791).
(2) *Conchyliologie de D'Argenville*, 3ᵉ édition, t. 1, p. 429.

L'existence des Testacelles en France, fut oubliée durant longues années. En 1796, Maugé et Ledru, naturalistes de l'expédition du capitaine
Baudin, remarquèrent à Ténériffe, un mollusque semblable à une limace.
Il vivait sous les pierres, bouchait avec sa coquille, le trou par lequel
il était entré, et ne sortait que la nuit pour chercher sa nourriture.
Maugé envoya sa coquille au Muséum d'histoire naturelle de Paris. La
mort l'empêcha de publier ses observations, et ce ne fut qu'en 1810
que Ledru (1) parla de la Testacelle de Ténériffe. Elle était déjà connue.

En effet, Cuvier, frappé de l'aspect singulier de cette coquille, créait
pour elle en 1800 (2), le genre *Testacella*. Il fut adopté par Lamarck en
1801 (3) qui lui donna pour type la Testacelle de Ténériffe : *T. halio-*
toides.

Ce nouveau genre était placé par Cuvier, entre les Limaces et les
Sigarets ; par Lamarck, dans le voisinage des Stomates et des Haliotides.

A la même époque, Faure-Biguet, retrouvait à Crest, département
de la Drôme, une Limace à coquille. Il la communiqua à Draparnaud
et à Cuvier.

Le premier de ces naturalistes la décrivit en 1801 (4), et donna à
l'espèce française un nom presque semblable à celui de l'espèce de
Ténériffe.

Ce ne fut qu'en 1802 (5) que Faure-Biguet publia ses observations.
Il décrivit l'animal, le figura en extension et en contraction, compara
la coquille à un *Halyotis*, mais n'imposa ni ne cita aucun nom spécifique.

« Cet animal, dit-il, vit habituellement dans l'intérieur de la terre
où il s'enfonce jusqu'à un mètre et plus, suivant les saisons.

Il fait sa nourriture habituelle de lombrics qu'il suce et avale tout entiers ainsi que les serpents qui ont saisi un animal plus gros qu'eux.
Ce qu'il y a de particulier, c'est qu'il ne continue à avaler le lombric
qu'à mesure qu'il a digéré la portion introduite dans son estomac, et
que la portion qui est restée dehors, continue à donner des signes de vie

---

(1) *Voyage aux îles de Ténériffe, Trinité*, etc.

(2) *Leçons d'Anat. comp.*, t. 1. 5ᵉ tabl.

(3) *Système des anim. sans vert.*, p. 96.

(4) *Tableau des Mollusques*, p. 99.

(5) *Sur une nouvelle espèce de Testacelle.* Bull. des Sciences par la Soc philom.
de Paris. Pluviose an X, p. 98.

tant qu'on la voit. Il pond des œufs très-gros relativement à ceux des limaces, mais aussi, sont-ils en plus petit nombre : six ou sept au plus.

Ces œufs ne sont point recouverts d'une peau molle, mais d'un têt dur, grenu, semblable à celui des œufs des oiseaux. »

Bosc (1) adopta en 1802, le genre Testacelle, et nomma les espèces figurées par Favanne. Ne connaissant pas la découverte de Faure-Biguet, il ne mentionna pas d'espèce française, et considéra les figures A 1 et A 2 comme représentant celle de Ténériffe. Basant sa classification sur la coquille, il plaça le genre entre les Patelles et les Haliotides.

L'anatomie des mollusques était alors presque entièrement inconnue en France ; Cuvier devait la mettre en honneur, et l'un de ses premiers mémoires eut pour sujet la Testacelle, en 1804 (2). Les animaux lui avaient été donnés par Faure-Biguet.

Le mémoire anatomique est malheureusement très-écourté. Cuvier y signale les bandelettes musculaires de la poche buccale, et remarque des analogies avec les Limaces. Les figures sont très-exactes.

Dès-lors, le genre Testacelle était acquis à la science et sanctionné par l'examen du mollusque. Il fut adopté par tous les naturalistes, et placé près des Limaces.

De Roissy, cependant, en 1805, le classa (3), à regret, entre les Concholépas et les Haliotides.

La présence de la coquille « suffit, dit-il, d'après les principes de la méthode, pour inscrire les Testacelles 'parmi les spirivalves, quoique la forme générale du corps et une grande partie de l'organisation dussent les rapprocher davantage des Limaces. Cette classification dérange l'ordre naturel des genres ».

M. Lafont-du-Cujula en 1806 (4) plaça ce mollusque dans le genre Hélice, et nomma l'espèce qu'il avait rencontrée *H. subterranea* avec cette observation : « Ce curieux coquillage semble un petit *Haliotis* ou *Oreille de mer*. Le mollusque qu'il renferme est l'implacable ennemi du lombric terrestre ».

En 1807 (5), Férussac cita un fait nouveau relatif aux mœurs des Testacelles : leur manteau pouvait les entourer si la sécheresse était

<hr>

(1) *Hist. nat. Coq.*, t. 3. p 238.
(2) *Ann. du Musée de Paris*, t. 5.
(3) *Hist. génér. des Moll.*, t. 5. p. 249.
(4) *Annuaire ou Descript. stat. du Lot-et-Garonne.* p. 145.
(5) *Essai d'une méthode*, etc, p. 11.

trop forte. Plus tard, le même auteur répéta cette observation et décrivit les lobes du manteau (1). Le fait est révoqué en doute. De plus, il changea la désinence du nom générique.

Lamarck (2) plaça les Testacelles dans la famille des Limaciens. Férussac suivit son exemple dans son grand ouvrage, tout en séparant des Testacelles, les Plectrophores.

Dès-lors, tous les auteurs ont adopté la classification de ces naturalistes. Cependant M. Gray fit une famille des Testacellidées (3) pour les genres Testacelle et Plectrophore ; MM. Adams (4) partagent cette opinion.

Pour terminer cet aperçu historique, mentionnons quelques travaux sur le genre ou sur son anatomie.

La monographie de M. Lesson publiée en 1838 (5) n'offre rien d'important. Des Omalonyx y sont décrits comme Testacelles.

M. Cantraine, en 1840 (6), a étudié le sac buccal de la Testacelle de Nice (*T. bisulcata*).

M. Moquin-Tandon a publié en 1851 (7) un article sur le même sujet, et, dans son Histoire naturelle des mollusques de France, a donné plusieurs figures d'anatomie.

M. Laurent (8) a parlé de leurs poches auditives, et M. Lespès (9) de leurs yeux.

M. Gray (10) a figuré leur plaque linguale.

M. Albers (11) enfin, a donné des observations sur les mœurs des deux espèces de Ténériffe.

---

(1) *Hist. génér.*, p. 88 (1819)

(2) *Anim. sans vert.*, 1re éd., t. VI, IIe part., p. 50 (1822).

(3) *Turt. manual.*, p. 109 (1840), et *Annal. et Mag. Hist. nat.* Lond., t. XII, 2e série (1855).

(4) *Gener. of rec. moll.*, p 124-125, t. II, (1855).

(5) *Revue zool.*, p. 249.

(6) *Malac. médit.* p. 97.

(7) Voir *Act. Soc. Linn. de Bord.*, p. 265. t. 15. — *Jour. Conch.*, p. 125. *Hist. moll.*, p. 57. t. 2. (1855).

(8) *Ann. d'anat.*, p. 242 (1838).

(9) *Sur l'œil des moll.* (1851).

(10) *Loc. cit.*

(11) *Zeit. con.*, p. 155. (1855).

ANATOMIE.

La Testacelle est un mollusque limaciforme, à corps allongé, légèrement aplati dans l'extension, un peu évasé en arrière, où se trouve la coquille.

SYSTÈME CUTANÉ.

Le corps paraît lisse, et l'est en réalité beaucoup plus que chez les Limaces, les Arions et les Hélices. Avec un grossissement convenable, on trouve, sur le dos, plusieurs sillons disposés d'une manière constante. Ce sont : 1° Deux sillons latéraux partant du bord antérieur de la coquille et se rendant aux grands tentacules. Ils délimitent entre eux un espace assez considérable, et qui s'agrandit encore dans la contraction. Les sillons médians, qu'il est facile de constater chez la plupart des autres gastéropodes terrestres, manquent ici complètement 2° Plusieurs sillons placés sur les flancs de l'animal et dirigés obliquement d'avant en arrière et de haut en bas. Ils vont aboutir aux grands sillons latéraux, en formant avec eux un angle aigu. 3° de petits sillons placés dans toutes les directions et constituant de petits polygones. Près de la tête, ils se changent en rugosités. Ces diverses parties, plus manifestes dans la contraction, s'effacent dans l'extension.

A la réunion de l'enveloppe dorsale avec le plan locomoteur, existe un sillon profond, puis un rebord externe, faisant bourrelet, et moins charnu.

Le disque ventral offre la même constitution que chez les Limaciens. Son angle postérieur, quoique émoussé, est plus ouvert que l'angle antérieur.

La face interne de l'enveloppe cutanée, est plus lisse, généralement incolore, sillonnée de dépressions correspondant aux vaisseaux veineux.

L'épaisseur croît de la tête aux pieds et du dos au plan locomoteur. Elle arrive, par conséquent, à son maximum autour du cœur. L'étude de la formation interne de cette enveloppe apprend qu'elle est composée de fibres blanches, très-résistantes et plus serrées à leur surface qu'au centre.

Au-dessous de la coquille, la peau se taille en biseau et circonscrit un espace ovale. Là, se trouvent le manteau et ses annexes, adhérant à la peau devenue très-mince. En disséquant de haut en bas, on constate : 1° Une partie circulaire, mince, souvent colorée ou irrégulièrement tachetée, garnie à ses bords d'un bourrelet : c'est le manteau ; à gauche, il se dédouble en trois ou quatre feuillets imbriqués. 2° Au-dessous du manteau, en arrière et un peu à droite, une ouverture arrondie : orifice anal et respiratoire. 3° Sous cet orifice, un repli de la peau s'élève et le circonscrit avec le manteau, entre deux feuillets. 4° La peau, enfin, mince, blanche, transparente, recouvrant le foie.

La coquille est en quelque sorte enchâssée dans le système tégumentaire ; mais elle adhère encore à l'animal par un muscle peu résistant après la mort. Dans l'état normal, elle recouvre le manteau ; cependant, il est des cas où cet organe peut la dépasser par ses lobules interne, externe et postérieur.

SYSTÈME DIGESTIF.

Les organes digestifs des Testacelles ont une organisation spéciale qui n'a d'analogie qu'avec celle des Daudebardies et des Glandines. Nous les diviserons en parties ingestives (comprenant 1° lèvres et ouverture buccale, 2° cavité buccale, 3° langue et poche linguale) ; parties digestives (1° œsophage et estomac, 2° intestin) ; parties éjectives (1° rectum, 2° anus) ; annexes (1° glandes salivaires, 2° foie).

Ouverture buccale et lèvres. L'orifice buccal est ovalaire, allongé. La peau de la tête se refléchit brusquement d'avant en arrière, formant deux épaisses lèvres, papilleuses à l'extérieur, plus lisses à l'intérieur, et se rétrécissant en une fente très-étroite, véritable bouche. Celle-ci n'a pas la forme d'un Y, mais plutôt celle de deux Y réunis par le pied. Elle est très-dilatable, à en juger par le diamètre des aliments qu'elle laisse passer.

Cavité buccale. Partie allongée, s'étendant de l'ouverture buccale à l'ouverture œsophagienne. Elle est lisse extérieurement, et offre à sa partie inférieure : 1° Sur la ligne médiane un muscle assez fort, allant s'attacher à la peau par deux languettes tendineuses, près de la commissure inférieure des lèvres. Ce muscle est donc protracteur interne de la poche buccale, ou plutôt rétracteur des lèvres. 2° Sur les côtés de celui-ci, deux éminences charnues, arrondies, résistantes : constricteurs de la bouche. 3° Latéralement règnent plusieurs minces languettes se rendant obliquement à la peau de la tête et au plan locomoteur : protracteurs externes.

En fendant la bouche, on remarque trois fortes rides, dont l'inférieure, la plus marquée, part de la commissure des lèvres et se termine au niveau de la langue.

Poche linguale et *langue*. La poche linguale, enveloppée par le même tissu que la bouche, est très-allongée, ellipsoïde, aplatie. En dessous et à gauche, un raphé donne attache à un nombre de tendons, variable suivant les espèces. Leur insertion sur la poche se fait obliquement, quoiqu'ils aient une direction longitudinale comme elle ; mais dans la contraction de la peau, l'insertion doit être presque perpendiculaire. De là, ces tendons vont se rendre dans le voisinage de l'anus et sous les téguments du dos, au niveau du grand sillon latéral gauche. Nous décrirons leur nombre et leur disposition, en parlant de chaque espèce. Disons seulement que leur épaisseur, leur apparence nacrée, la solidité de leurs insertions, annoncent chez eux une énergie remarquable.

Cuvier, qui parla le premier de la poche buccale des Testacelles, la considéra comme un gros muscle destiné à tirer en dedans les parties de la bouche ; il n'en étudia pas l'organisation. Depuis, divers auteurs ont essayé de combler cette lacune ; mais leurs travaux sont assez incomplets.

Il faut, en effet, de très-nombreuses dissections pour comprendre les rapports des différentes parties qui forment la poche linguale, et qui cependant procèdent toutes d'une seule. De plus, ces rapports sont changés complètement, d'après l'état de contraction, semi-extension ou extension de la langue.

La poche linguale est composée, de dedans en dehors, d'un muscle ovale, lancéolé, libre à sa partie antérieure, adhérent en arrière aux muscles rétracteurs. C'est là l'origine de toutes les parties renfermées dans l'enveloppe buccale commune. Le muscle est épais, jaunâtre, porte une nervure médiane ; ses bords latéraux s'infléchissent et lui donnent la forme d'une gouttière à concavité inférieure.

De sa base partent deux enveloppes qui l'entourent : l'une interne, fibreuse, lisse, transparente ; l'autre externe, blanchâtre, garnie de spinules hérissées. Celle-ci a été nommée plaque linguale et se retrouve chez tous les Gastéropodes, mais diversement modifiée, d'après leurs mœurs, leur nourriture.

La plaque linguale ne recouvre pas tout le muscle interne ; elle s'étend sur sa face inférieure, arrivée à l'extrémité libre, qu'elle encapuchonne ; elle s'enfonce dans la gouttière formée par les deux bords du muscle, y chemine, en perdant ses spinules, s'y renfle pour constituer un petit appendice singulier, et se réunit enfin à la base, en devenant charnue.

En adoptant une autre marche, et en la faisant partir de la face supérieure de la base du muscle, nous l'aurions considérée comme un prolongement de celui-ci, mais la description aurait été moins claire.

Nous venons de voir que la face supérieure du muscle interne n'était pas recouverte par la plaque linguale, si ce n'est à son sommet. De ce point et des parties latérales partent des languettes tendineuses, au nombre de dix à douze (*T. haliotidea*), se rendant à la base de la poche linguale, ayant pour but évident de tendre la plaque sur le muscle et d'empêcher que celui-ci n'en sorte dans des contractions trop fortes. Ces languettes, dont la disposition est remarquable, n'ont été encore signalées par aucun anatomiste.

Les spinules qui garnissent extérieurement la plaque linguale sont innombrables ; elles sont rangées en séries obliques, allant des bords de la plaque au raphé médian postérieur ; elles se développent donc de dehors en dedans et d'arrière en avant. Le nombre des séries varie d'après l'âge et les espèces ; il oscille entre cinquante et quatre-vingt.

Les spinules, formation épithéliale, s'usent et se remplacent ; car une très-petite partie de la langue sert à la préhension des aliments ; elles existent dès l'éclosion.

Leur forme diffère, suivant la place qu'elles occupent. Presque verticales en avant et près du raphé postérieur, elles s'inclinent de plus en plus en arrière et sur les bords ; en même temps, elles se rapprochent et semblent se confondre. Dans tous les cas, leur surface d'insertion étant très-oblique, elles sont couchées sur la plaque, et se redressent seulement aux points où celle-ci fait un coude, par exemple, près de l'extrémité supérieure de la langue. Elles ont alors l'apparence de petites soies raides, brillantes, cristallines, criant sous le scalpel. En les étudiant à un fort grossissement, on voit qu'elles sont cylindriques, ou plutôt coniques, légèrement courbées, à convexité dirigée en dedans. Près de leur insertion et sur leur bord externe, on trouve un renflement développé, arrondi (1), puis une concavité ; plus haut, près de leur extré-

---

(1) Ce renflement ou apophyse est ordinairement uni à la plaque linguale par de petits ligaments qui ne résistent pas à une forte traction.

mité libre, une pointe dirigée en bas et un léger renflement. L'espace compris entre ces deux renflements augmente avec l'âge. Par conséquent, une vieille spinule paraît proportionnellement plus longue qu'une jeune ; en même temps, les renflements semblent moins considérables.

Les espèces offrent de légères différences entre elles, quant à la forme et la disposition des spinules. Chez les Daudebardies, où le même système se rencontre, l'extrémité antérieure de la spinule manque de tubérosité.

La plaque linguale est recouverte par une enveloppe transparente, et enfin par la poche linguale, rétrécie au-dessous de l'œsophage et ne laissant passer à l'état de repos qu'une très-légère portion de la langue ; celle-ci forme alors le plancher postérieur de la bouche.

Œsophage. — Estomac. Existe-t-il véritablement un œsophage ? C'est ce qu'on ne saurait affirmer ; car cet organe, dans tous les cas, ne pourrait être considéré que comme une première portion de l'estomac, en différant par un calibre moins considérable.

L'estomac est caractérisé par son épaisseur, sa direction, sa forme et la structure de sa muqueuse, qui le distinguent de l'estomac des Limaciens et Hélicéens.

Son épaisseur augmente, d'avant en arrière et sur ses bords. Il est jaunâtre, musculaire, en forme de cornue, à grosse tubérosité antérieure et dirigée à droite, à col allant de droite à gauche et d'avant en arrière. Il se rapproche beaucoup, par cette forme et cette direction, des estomacs d'animaux très-supérieurs ; et si une disposition aussi curieuse n'a pas été signalée, cela tient à la manière dont les dissections ont été faites.

En effet, admettons qu'un naturaliste ouvre une Testacelle, suivant la méthode ordinaire ; en enlevant les téguments du dos, il arrachera des languettes extrêmement minces, au nombre de huit à dix de chaque côté, adhérentes aux bords de l'estomac et à la peau. Ces languettes musculaires ont pour but de rendre fixe la position de l'organe et de l'empêcher d'être entraîné dans la protraction de la langue. On les distingue parfaitement en détachant du corps le plan locomoteur, en enlevant la poche linguale, et en faisant de légères tractions, de bas en haut, sur l'estomac.

La muqueuse stomacale est chargée de fortes granulations, au sortir de la bouche. Celles-ci s'allongent de plus en plus, et se changent en rides dans la partie postérieure de l'estomac. On en compte une douzaine qui se prolongent dans l'intestin.

Intestin. On ne peut faire commencer cette partie qu'aux points où s'ouvrent les canaux biliaires. L'intestin est résistant, bosselé, très-contourné au milieu des lobes du foie auxquels il adhère par une membrane d'une minceur infinie et d'une parfaite transparence. Peut-on comparer cette membrane à une tunique séreuse, traversée çà et là par des vaisseaux sanguins, et se réunissant au diaphragme en arrière?

L'intestin n'est pas comparativement aussi long que chez les Limaciens et Hélicéens herbivores.

Rectum. Le rectum, généralement mince et rétréci, apparaît lorsque l'intestin quitte le foie. Sa direction est verticale. Il est très-dilatable, mais presque toujours vide.

Anus. L'anus, situé entre deux replis de la peau, est dirigé un peu à droite. Son ouverture est arrondie.

Glandes salivaires. Les glandes salivaires sont blanchâtres, bosselées, allongées, mais irrégulières, toujours situées sur les côtés de l'estomac, la droite recouvrant la tubérosité de cet organe. Quand on les saisit et qu'on cherche à les écarter de l'estomac, on s'aperçoit qu'elles y adhèrent par cinq ou six petits filaments (1). Deux canaux antérieurs beaucoup plus longs vont déboucher dans la poche buccale, un peu au-dessous de l'œsophage. De plus, les tendons qui fixent l'estomac aux téguments du dos, les traversent et leur donnent ainsi une position plus fixe.

Foie. Très-considérable, et occupant la moitié, ou même plus, de la cavité viscérale. Sa couleur est brune, et sa surface offre à un grossissement convenable, une multitude de petits polygones assez réguliers. Les conduits biliaires, au nombre de deux principaux, le font séparer en deux grands lobes; un droit et un gauche. Le foie gauche plus considérable se subdivise en quatre ou cinq lobules, dont deux sont intéressants à étudier à cause de leurs rapports. L'ovaire, en effet, se trouve comme enchâssé dans le premier; et le second se prolonge jusqu'au-dessus de la queue du mollusque, passe sous le manteau et se termine par un rudiment de tortillon logé dans la petite spire de la coquille.

Les canaux biliaires, extrêmement déliés, viennent de chaque lobule pour constituer, à droite et à gauche, un gros tronc, blanchâtre, épais, et probablement musculaire.

---

(1) Sont-ce des canaux salivaires accessoires, du tissu cellulaire ou fibreux ? Nous ne saurions trancher la question ; mais ces petits corps sont assez résistants.

SYSTÈME SÉCRÉTEUR.

Glandes mucipares. Très-abondantes, surtout en arrière.

Glande præcordiale. Située transversalement sous le manteau. Elle est ovoïde, de couleur variable, en rapport d'une part, avec le diaphragme; de l'autre, avec le rectum qu'elle longe en fournissant un canal très-court.

SYSTÈME RESPIRATOIRE.

La poche pulmonaire occupe le quart postérieur de l'animal. Elle commence en avant au diaphragme ; paroi celluleuse extrêmement mince. Le plancher ou paroi inférieure est un peu plus épais, mais n'atteint pas le volume de la poche pulmonaire des Limaciens. Le plafond est recouvert par le manteau. On ne distingue qu'avec peine des vestiges d'arborisations vasculaires. Orifice respiratoire en arrière et un peu à droite. Cette position si postérieure est très-rare. Elle est encore plus marquée chez les Daudebardies. L'ampleur de la poche varie avec les espèces.

SYSTÈME CIRCULATOIRE.

Péricarde. Blanchâtre, opaque, dirigé transversalement, oreillette mince, ovoïde, nettement séparée d'un ventricule prismatique, charnu, un peu aplati. L'aorte se divise en deux troncs principaux. L'un, plus court, fournit des branches à l'ovaire, au foie gauche; l'autre, d'un calibre remarquable, se dirige vers la glande albuminipare, au point où celle-ci reçoit l'oviducte, donne un très-grand nombre d'artérioles aux organes de la génération, à l'estomac, aux glandes salivaires, à la langue. Elle continue sa direction vers la tête, devient inférieure, et, au niveau des ganglions pédieux, se divise en une multitude de branches pour les organes des sens et les téguments.

Nous n'avons pu constater la présence que d'une seule veine cave ; elle descend de la tête au diaphragme, couchée sur le plan locomoteur ; ses parois très-affaissées, sa couleur et son calibre la font distinguer facilement. Vers le diaphragme, elle semble coupée brusquement; mais en la soulevant, on voit qu'elle s'enfonce par plusieurs issues dans le plancher de la cavité respiratoire. Les veinules qu'elle fournit sont si faibles, qu'il est presque impossible de les distinguer.

SYSTÈME NERVEUX.

Le système nerveux de la Testacelle est très-développé. Le névrilème grisâtre apparaît principalement sur les ganglions sensitifs ou sus-œsophagiens. Quant à la disposition générale de ce système, remarquons d'abord que les ganglions sus-œsophagiens et pédieux sont très-éloignés à cause de leur séparation par la poche buccale ; leur obliquité, de haut en bas et d'avant en arrière, est en raison de leur éloignement; enfin, ils sont dirigés de droite à gauche : la cause en est encore dans la position de la langue.

Les ganglions sus-œsophagiens forment deux masses ovoïdes, soudées sans commissures : ce qui les distingue surtout des Limaciens et des Daudebardies. De leur partie antérieure naissent deux renflements et plusieurs filets nerveux disposés dans l'ordre suivant, de dedans en dehors : deux paires pour les lèvres et la bouche ; trois paires pour le grand tentacule (nerf moteur externe , nerf tentaculaire, nerf optique) ; deux paires pour le petit tentacule (nerf moteur externe, nerf tentaculaire); enfin, quelques petits filets dont l'action ne peut être précisée, mais destinés probablement aux muscles de la tête, des lèvres et de la bouche.

Latéralement et un peu en arrière, partent deux commissures minces allant se réunir sous l'origine de l'œsophage, aux ganglions stomato-gastriques. Ceux-ci sont encore accolés par leur face interne et, forment, lorsqu'ils n'ont pas été pressés ou écrasés, deux boules parfaitement arrondies. On les a comparées au système du grand sympathique. De leur face antérieure naissent sept ou huit filets très-déliés, s'enfonçant dans l'œsophage; et, de leur face postérieure, deux nerfs d'un volume considérable, longeant la poche linguale jusqu'à la naissance des muscles rétracteurs.

Ces ganglions qu'on met facilement à découvert en renversant l'estomac sur la bouche, n'ont pas encore été signalés dans le genre qui nous occupe.

Les ganglions pédieux, unis par une double commissure aux ganglions sus-œsophagiens, forment une masse compacte, percée au centre d'une

fissure, pour le passage d'un des troncs de l'aorte céphalique. Le névrilème empêche de diviser la masse ganglionaire en plusieurs portions ;
mais si on l'enlève, on trouve cinq à six lobes faiblement délimités par
des sillons. Ce sont deux lobes antérieurs portant les poches auditives ;
deux moyens innervant la plupart des viscères, un postérieur donnant
deux gros troncs nerveux disposés en queue de cheval pour le plan locomoteur, et plusieurs filets pour les rétracteurs de la poche linguale
de l'estomac, etc. , etc.

La fusion de presque tous les ganglions de la Testacelle semble an-
noncer chez ce mollusque un perfectionnement dans le système nerveux,
et une concentration dans la source des sensations instinctives. Un animal
qui vit de proie vivante, montre plus d'instinct que celui qui se repaît de
végétaux ou d'êtres déjà morts.

SYSTÈME SENSITIF.

Tentacules. Ces organes sont courts, cylindriques, terminés par des
boutons de faible diamètre. Un même tendon réunit le supérieur [et
l'inférieur, à leur base, et va s'insérer en s'élargissant aux téguments du
dos , en avant du diaphragme. Ils sont par conséquent dépendants l'un
de l'autre ; le contraire existe chez les Daudebardies. Dans l'état de contraction, ils se placent le long de la poche linguale, et les nerfs qui s'y
distribuent sont ramenés en arrière ; c'est là un changement complet
dans la direction de ceux-ci.

Nerf tentaculaire. Ce nerf est regardé par plusieurs anatomistes
comme un véritable nerf olfactif ; par d'autres, comme destiné au tact.
Son volume, considérable chez les Testacelles, ne prouve rien en faveur
de l'une de ces opinions, et peut être interprété également au profit des
deux. L'odorat existe indubitablement chez les Testacelles, et la plus
forte preuve est l'odeur qu'elles répandent, mais la localisation de ce
sens ne nous paraît pas encore déterminée. Les tentacules, dans tous les
cas, seraient mal disposés pour saisir les émanations odorantes reçues
par les autres animaux, dans des cavités et au voisinage de l'appareil
respiratoire.

MM. Moquin-Tandon et Lespès ont étudié les nerfs tentaculaires et
l'œil des Testacelles ; nous profiterons de leurs travaux.

Les nerfs tentaculaires supérieurs sont énormes, commençant par un renflement sur le ganglion et terminés par un bouton qui offre deux fois leur épaisseur. De ce bouton partent plusieurs branches courtes, divergentes, subdivisées en un grand nombre de rameaux qui forment comme une touffe.

Les nerfs tentaculaires inférieurs produisent un renflement piriforme trois fois plus large, d'où partent deux tubercules bifides, peut-être même dichotomes.

Nerf optique. OEil. Le nerf optique est creux, il se sépare du nerf tentaculaire à son entrée dans le tentacule, et se dilate alors légèrement.

L'œil placé en dehors du tentacule est remarquable par sa petitesse. Il est presque sphérique, à partie antérieure très-bombée. Sa forme rappelle le globe oculaire des oiseaux.

Cornée très-convexe, bien distincte de la sclérotique qui l'enchâsse comme un verre de montre. Sclérotique d'une épaisseur forte et uniforme. Choroïde noirâtre, d'une forme singulière. L'iris au lieu d'être plane est bombé en avant; le cristallin se porte presque immédiatement au dessous de la cornée, de sorte qu'il n'existe qu'une trace d'humeur aqueuse, et que l'humeur vitrée est au contraire fort abondante. Cristallin à face antérieure convexe, postérieure presque plate.

DIMENSIONS DE L'ŒIL ET DU CRISTALLIN (*Test. haliotidea*).

Axe de l'œil. . . . . $\frac{1}{8}$ mill. de diamètre.
Diamètre bilatéral. . . . . $\frac{1}{6}$
Largeur du cristallin. . . . $\frac{1}{15}$
Épaisseur. . . . . $\frac{1}{12}$
Rapport du volume de l'œil à celui du cristallin. . . . :: 4 : 1.

D'après la forme de l'œil, il est aisé de s'apercevoir que la Testacelle est un animal nocturne (Lespès).

Poches auditives. Elles sont placées à la partie postérieure des lobes antérieurs des ganglions pédieux, en avant de l'ouverture destinée au tronc aortique. Elles sont arrondies et renferment de 70 à 100 otolithes; pour les bien apercevoir, il faut les porter sous un microscope, immédiatement après la mort de l'animal; on peut alors s'assurer des mouvements des otolithes déterminés par des cils vibratiles.

DIMENSIONS (*Test. haliotidea*), Laurent.

Diamètre de la capsule.. 0^{mm} 15
— du noyau...... 0, 13

SYSTÈME REPRODUCTEUR.

Les organes génitaux sont très-peu développés, si ce n'est à l'époque de l'accouplement et avant la ponte.

L'organe en grappe arrondi placé dans les lobules du foie gauche donne naissance à un canal excréteur tortueux et long. La glande albuminipare conique, allongée, blanchâtre, peut acquérir un énorme volume et remplir au moins un tiers de la cavité viscérale.

Matrice festonnée, très-dilatable, à parois internes ridées transversalement. Nous l'avons vue contenir une dizaine d'œufs. Après la ponte, elle reste quelque temps dilatée puis reprend ses dimensions normales. Canal déférent noirâtre à sa partie adhérente. Il se dirige flexueusement et s'insère au tiers antérieur de la verge; au-dessous d'une dilatation ou plutôt d'un petit cœcum dont l'existence n'est pas constante. Poche copulatrice exactement arrondie, à long canal. Poche commune et ouverture très-étroites.

La verge longue, filiforme, est munie d'un flagellum remarquable (ce qui n'existe pas chez les Limaciens). Un muscle rétracteur s'insère aux téguments du dos, à gauche; un protracteur très-faible, dans le voisinage de l'orifice sexuel. Celui-ci est arrondi, blanchâtre et gonflé, à l'époque de l'accouplement.

Nous n'avons pas constaté de glandes destinées à secréter un liquide odorant; de prostates utérines, de spermatophores, etc. La poche copulatrice contient après l'accouplement un liquide clair, dans lequel nagent des matières blanchâtres plus épaissies.

RAPPORTS GÉNÉRAUX DES ORGANES.

Le système musculaire se partage en deux portions : 1.° plan locomoteur ; 2.° muscles viscéraux, prenant tous leur point d'appui sur le dos, qui, par son épaisseur et son usage représente un rudiment de squelette. Sa contraction détermine la rétraction subite de tous les organes qui y sont unis.

Le corps se divise en deux cavités ; l'une viscérale, l'autre analogue à la cavité thoracique des animaux supérieurs, puisqu'elle renferme le cœur, l'aorte, la poche pulmonaire.

La cavité viscérale présente elle-même deux groupes d'organes ; le premier formé par les parties antérieures du système digestif, et des organes génitaux ; le second où domine le foie.

La verge se trouve immédiatement au-dessous de la peau du dos, la matrice au contraire passe sous la poche linguale. Le foie affecte des rapports avec presque tous les organes et sert probablement par les prolongements celluleux qui partent de ses lobes, à les assujettir mais faiblement. En effet, dans un corps, où des muscles puissants sont sans cesse en action, les organes doivent jouir d'une mobilité convenable.

Les artères ne sont pas superficielles, elles rampent dans les organes; les veines tout-à-fait profondes forment un tronc qui longe le plan locomoteur.

Les ganglions sus-œsophagiens sont immédiatement au-dessous de la peau ; les pédieux , au-dessus du disque ventral.

Enfin, la coquille ne recouvre qu'une partie du foie, le manteau, la poche pulmonaire, le cœur, la glande præcordiale, le rectum, etc.; son peu de développement semble être compensé par l'épaisseur considérable de la peau.

OBSERVATIONS

SUR LES MŒURS DES TESTACELLES.

---

§ 1er. — **Préliminaires.**

Depuis longtemps les Limaciens étaient le but de nos études, et nous avions recueilli des faits intéressants sur leurs mœurs et leur anatomie. Nous avions même vaincu la difficulté de réduire ces animaux en demi-domesticité, en les élevant en grand nombre et selon leur mode d'existence à l'état libre. Pour cela, nous établîmes des caisses remplies de terre aux trois-quarts, avec un mélange de pierres et de briques, sur lesquelles étaient pressés des bouquets de mousses maintenus dans un état constant d'humidité.

Au bout de quelque temps, nos soins furent couronnés d'un succès complet; nos mollusques purent s'accoupler, pondre, et leurs petits se développèrent.

Comme l'un de nous l'avait précédemment fait pour ses études sur le Bulime tronqué, nous choisîmes les aliments destinés à donner aux animaux une nourriture plus substantielle, et qui leur permit de se développer sans entraves. C'est ainsi que huit ou dix mois ont suffi à l'accroissement complet de plusieurs espèces qui, à l'état libre, en emploient quinze à dix-huit.

Des Arions, des Limaces, des Vitrines vivaient, en parfaite harmonie, mêlées à des Hélices du sous-genre Zonite, se nourrissant tous de matières animales ou végétales plus souvent putréfiées que fraîches.

Au milieu de cette population si diverse, nous introduisîmes des Testacelles haliotides recueillies en 1853 à Mérignac et Caudéran, près de Bordeaux. La première année, nous n'observâmes rien de particulier sur ces espèces, si ce n'est un accouplement furtivement surpris, et l'éclosion de quelques œufs, dont les petits ne vécurent pas.

Quelques individus de la Testacelle à deux sillons, envoyés de Grasse par M. Astier, se conduisirent de même.

M. Roussel nous avait montré une coquille de Testacelle assez grande, trouvée dans son domaine de Blanquefort, près de Bordeaux, et se rap-

portant, par sa taille, au *T. Companyonii* Dupuy. Plus tard, M. Durieu
de Maisonneuve présenta à la séance de la Société Linnéenne, du 16 août
1854, une énorme coquille de Testacelle, qu'il avait recueillie sans
l'animal, dans le jardin de sa maison, allées des Noyers. D'après la
comparaison qu'il fit de ce têt avec celui du *T. haliotidea*, il ne put se
méprendre sur leurs différences spécifiques ; et, jugeant par analogie,
il donna à l'animal inconnu des proportions gigantesques.

Malheureusement on ne pouvait prévoir à quelle époque ce curieux
mollusque pourrait être étudié. Le jardin où la coquille avait été trouvée
venait d'être récemment planté en fraisiers.

Nous restâmes dans le doute jusqu'au 2 novembre 1854. A cette époque, un de nos amis, M. Jaudouin, de Bordeaux, se trouvant à Gradignan le 1er novembre, remarqua au nord d'une maison, entourée de
vignes, un endroit très-humide où étaient entassés des débris de poterie,
de briques et de pierres. En les soulevant, il trouva des *Limax agrestis*
et *gagates* ; de plus, six individus d'une Testacelle, ressemblant par leur
coloration à la première de ces Limaces. Ces mollusques nous furent
communiqués avec empressement, et nous reconnûmes en eux les
animaux dont les coquilles avaient été trouvées par MM. Roussel et
Durieu.

Le lendemain, nous rapportâmes de Gradignan, après deux heures
d'exploration, cinquante-six individus de cette remarquable espèce.

Incertains pendant quelque temps sur sa détermination, nous lui im-
posâmes dans nos collections le nom de *T. Burdigalensis*, sous lequel
M. de Grateloup l'a mentionnée dans sa *Distribution géographique des
Limaciens*, p. 15 (1855), en la rapportant avec un point de doute au
T. Maugei. Férussac.

Depuis cette époque, les communications bienveillantes de MM. Deshayes, Morelet, Des Moulins, Petit de la Saussaye, et nos visites au
Muséum, nous ont donné la certitude que notre mollusque n'était autre
que le *T. Maugei*, indiqué déjà sur plusieurs points du littoral de l'Océan.

Nos observations ont été surtout faites sur les animaux de cette espèce,
que nous pouvions nous procurer avec facilité et en grand nombre.

§ II. — Observations.

Ainsi qu'il a été dit plus haut, les Testacelles furent placées dans une
caisse contenant une terre argilo-siliceuse préalablement tamisée et ren-

due le plus meuble possible, afin d'y faciliter l'introduction des mollusques. Ceux-ci ne tardèrent pas en effet à s'enfoncer et à creuser des galeries.

Les premiers jours de Novembre 1854 furent doux, et les Testacelles, tant l'*haliotidea* que le *Maugei*, sortirent de terre à l'entrée de la nuit pour se livrer à leur chasse et à leur reproduction.

Elles préludent à ce dernier acte, par quelques légers frottements vers l'orifice respiratoire, et glissent sur les côtés du corps. Les tentacules se rétractent, l'orifice génital se renverse en dehors, la verge sort, mince, petite, allongée, semblable à un crin blanc. Les deux mollusques se pressent; leurs bouches semblent se coller ensemble; enfin, par la torsion du corps, ils se joignent étroitement. Ils restent ainsi accouplés durant quatre ou cinq heures. Cet accouplement semble absorber ou diminuer la plupart des autres fonctions; car la peau ne secrète presque plus de mucus.

Nous plaçâmes les animaux fécondés dans un compartiment préparé à cet effet, après leur avoir donné une certaine quantité de lombrics. La ponte se fit dans la terre à quarante centimètres de profondeur, dans les cinq ou six premiers jours qui suivirent l'accouplement.

Chaque animal dépose dix à quinze œufs calcaires, globuleux, plus ou moins acuminés suivant les espèces. Les œufs sont presque isolés les uns des autres, et leur adhérence aux fragments de pierre ou à la terre, ne provient que de leur faible humidité extérieure après l'éclosion. Aucun mucus ne les agglutine entr'eux, comme on le constate chez la plupart des Limaces et des Hélices. Ils ressemblent aux œufs de certains reptiles sauriens.

Leur expulsion a lieu très-lentement par l'orifice sexuel situé au côté droit du cou.

Les œufs ayant été déposés assez profondément, les Testacelles reviennent à la surface du sol vers l'entrée de la nuit, et montrent une grande ardeur à poursuivre leur proie.

Les principaux organes de l'embryon sont formés au bout des quinze premiers jours. La petite coquille apparaît à peine sous la loupe et laisse par sa transparence, distinguer le manteau et le foie comme un point rouge orangé. La longueur de l'embryon vers le vingt-cinquième jour, est de trois millimètres et demi; il ne devient pas plus grand avant de briser la coque qui l'enveloppe : ce qui arrive du trentième au trente-cinquième jour après la ponte.

Sorties de l'œuf, les jeunes Testacelles pourvues déjà d'une plaque linguale épineuse et résistante, vont chercher leur nourriture hors de terre, sous les mousses, les fragments de pierres, les vases à fleurs, les vieilles planches, etc.

Leur nombre est alors considérable. A cause de la coïncidence de plusieurs pontes, nos caisses en étaient remplies le 5 mai 1855. Nous en comptâmes jusqu'à cent quatre dans une grande caisse. Sur le nombre, vingt-deux appartenaient au *T. haliotidea*, et quatre-vingt-deux au *Maugei* beaucoup plus fécond.

La nourriture des jeunes Testacelles se compose de petits lombrics et de vers blancs filiformes, qui naissent sous les végétaux putréfiés. Nous en avons vu plusieurs, acharnées après un *Helix pisana* dont la coquille avait été brisée, mais dont l'animal vivait encore.

La rapidité de leur accroissement n'est pas comparable à celle des Limaces. Après un mois, les jeunes individus n'avaient atteint que neuf à dix millimètres; mais la coquille, quoique transparente, était plus épaisse et avait augmenté d'un dixième.

Quoique essentiellement nocturnes, les Testacelles sortent parfois de leurs retraites, pendant les jours sombres, humides et orageux. Elles font leur chasse et s'accouplent comme pendant la nuit.

Le 2 Avril 1855, presque toutes procédèrent à l'œuvre de la reproduction.

Pendant l'hiver de 1855-56, excepté vers les premiers jours de Novembre, qui furent très-froids, elles s'accouplèrent, pondirent et chassèrent comme au Printemps.

Ces animaux, de même que les Limaciens de France, les Vitrines et quelques Zonites, craignent peu le froid quand la terre n'est pas durcie. Dans le cas contraire, on doit attribuer leur réclusion plutôt à cette cause qu'à la crainte d'une température trop basse (1). Les temps très-secs, froids ou chauds, les maintiennent dans un état de torpeur.

Les Testacelles sont essentiellement des *Mollusques de proie*, c'est-à-dire chassant les corps vivants, et ne s'attaquant pas aux cadavres. Nous avons été plusieurs fois témoins de leurs chasses, ainsi que M. Jaudouin; et nous avons compris comment elles pouvaient attaquer des Lombrics de forte taille et même plus volumineux qu'elles.

---

(1) Les Vitrines courent sur la neige et les feuilles glacées, quand le vent ne souffle pas.

On connaît la curieuse disposition de leur masse linguale, hérissée de papilles, formant crochet, et rappelant la manière dont le palais de certains poissons, du genre *squale*, est armée. Le crochet de la spinule, dirigé d'avant en arrière, une fois engagé dans la proie, ne peut plus l'abandonner qu'en se brisant.

Les lombrics, que les Testacelles recherchent plus spécialement, ont le corps composé d'anneaux entourés à leur suture de rugosités épineuses. Cette organisation leur permet de résister aux doigts qui les pressent. Aussi les Testacelles qui doivent serrer une partie du corps des lombrics, entre leurs lèvres, tâchent-elles de les saisir par leur extrémité antérieure. Si elles ne réussissent pas du premier coup, elles font glisser peu à peu le corps de l'animal, jusqu'à ce qu'elles soient arrivées à leur but; mais si le ver résiste trop, elles plongent la tête dans la terre, et le ployant ainsi en deux parties, suivant chaque côté de leur corps, elles le dévorent en sûreté.

Lorsqu'une Testacelle a découvert la proie dont elle veut se repaître, elle marche lentement (1), ses tentacules en avant, à peine si son plan locomoteur semble remuer. Elle passe à côté du lombric avec une indifférence si complète qu'on pourrait supposer qu'elle ne l'a pas remarqué ou qu'elle le dédaigne; mais, tout-à-coup, elle se présente de face, et, tandis que le lombric se tord à droite et à gauche, elle recule sa tête, rentre ses tentacules, dilate énormément sa bouche et se précipite sur sa proie, qu'elle engloutit en partie, par une sorte d'aspiration vibrante.

Les contorsions du lombric doivent nécessairement résulter des blessures que les spinules font subir à son corps en s'y enfonçant; il s'agite, mais en vain, retenu par cette multidude de griffes acérées; tous ses mouvements ne servent au contraire qu'à l'engager davantage, et hâtent sa disparition dans l'estomac de son vorace ennemi (2).

---

(1) C'est le mollusque terrestre dont la reptation est la plus lente. Viennent ensuite chez les fluviatiles, l'Ancyle et la Néritine.

(2) Dans l'état normal, les lèvres et la bouche sont fermées à l'aide de puissants muscles circulaires et de deux muscles constricteurs que nous avons signalés en traitant de l'anatomie. Mais quand l'animal veut saisir sa proie, ces muscles se relâchent, le rétracteur des lèvres renverse ces dernières; les protracteurs externes de la poche linguale, prenant leur point fixe sur les téguments du cou, amènent la langue au niveau de la bouche. La proie, saisie dans l'ouverture buccale, est bientôt accrochée par l'extrémité des spinules, disposée en pointe de hameçon. C'est alors

Nous avons vu notamment, la variété *albina* du *T. Maugei*, engloutir un lombric de soixante-quinze millimètres de longueur et dix millimètres de diamètre en moins de deux minutes ; tandis qu'elle ne mesurait que quatre-vingt millimètres de longueur.

Souvent la chasse se fait à moitié sous terre ; un lombric se trouve engagé dans une galerie, alors la Testacelle creuse une galerie sous-jacente destinée à couper sa retraite et le dévore aisément.

La proie ainsi engloutie, en tout ou en partie, l'animal repu fait lentement sa digestion ; sa forme, d'allongée qu'elle était, devient courte, obèse ; la tête ne paraît plus. Lorsque le lombric a complètement disparu, il sort de la bouche de la Testacelle une ou deux gouttelettes d'aspect sanguinolent, et qui résultent des blessures faites par les spinules.

La défécation a lieu environ sept ou neuf heures après l'ingestion des aliments.

Les excréments sont presque liquides ou gélatineux, cylindriques, et variant, quand ils sont moulés, de douze à vingt millimètres de longueur. Ils n'exhalent aucune odeur. Leur couleur est gris-sombre, jaunâtre ou rougeâtre. Ils sont composés aux trois-quarts de matières animales et d'un quart de terre ; résidus des lombrics digérés (1).

Nous avions souvent remarqué que des Limaces, surtout la *L. Jayet*, avaient la peau du manteau enlevée au-dessus de leur osselet ou *limu-*

---

qu'intervient l'action des muscles rétracteurs de la poche linguale. Par plusieurs contractions brusques, ils résistent aux mouvements du lombric qu'ils amènent par portions à l'œsophage. Le muscle interne de la langue pouvant s'élargir ou se replier sur lui-même, ajoute à la perfection de cet acte physiologique. L'estomac tendrait à se déplacer s'il n'était pas assujetti au dos. Pendant la digestion, il augmente énormément de volume.

Ce qui frappe dans l'étude de l'organisation de la Testacelle, c'est le nombre et la puissance des muscles destinés aux organes digestifs. L'animal a donc des résistances considérables à vaincre, et la nature l'a armé en conséquence. Les proies vivantes dont se nourrissent les Testacelles, pouvant vivre encore en partie et faire des efforts énergiques lorsqu'une de leurs extrémités est déjà en pleine digestion, il fallait prévenir l'issue forcée des aliments, suivie peut-être de celle des organes qui les contenaient. Chez les mollusques herbivores et même chez ceux qui s'attaquent aux substances animales mortes, les muscles protracteurs et rétracteurs de la langue ou de la bouche sont très-peu marqués.

(1) Il arrive souvent qu'un gros lombric en se débattant, se brise à l'insertion d'un anneau et fuit en laissant une de ses parties dans la bouche de la Testacelle ; mais affaibli par cette mutilation, il ne tarde pas à être dévoré par une autre.

relle ; nous les surveillâmes et nous nous aperçûmes que les Testacelles les attaquaient ainsi pour leur prendre probablement le calcaire que les osselets contiennent. Ces Limaciens, ainsi rongés, ne tardaient pas à dépérir et mouraient dans moins de quinze jours,

Nous avons plusieurs fois dégagé des lombrics accrochés par les spinules des Testacelles, soit en pressant les flancs de celles-ci, soit en tirant fortement les premiers. L'état dans lequel se trouvaient ces annélides était pitoyable ; il semblait qu'ils avaient été pressés entre des tenailles dentelées, et déchirés fortement.

La partie que les spinules avaient atteint, n'avait plus de forme et ressemblait à de la viande mal hâchée.

D'autres fois, nous avons essayé de faire rendre gorge à un de nos mollusques, en pressant fortement sur le milieu du corps ; mais comme le lombric était profondément engagé, l'appareil buccal faisait issue avec les spinules.

Lorsque des Testacelles, recueillies pendant une excursion, restent quelques instants dans la main, la chaleur les excite à en sortir ; mais rencontrant un obstacle, elles mordent l'épiderme violemment et bruyamment. Cet acte est précédé par une succion analogue à celle d'une ventouse ; ce qui oblige souvent la main qui retient les mollusques à les lâcher, sous l'impression d'une répulsion instinctive.

Les Testacelles attaquent également les autres mollusques et se mordent entre elles. Des *Test. Maugei,* mises dans une caisse avec des *Haliotidea* dévorèrent ces dernières, dont nous ne retrouvâmes que les coquilles. La variété *albina* du *T. Maugei* dévore souvent des *Helix pisana* et *variabilis* qui habitent la même caisse qu'elle. Elle les attaque par le pied, les épuise en les aspirant et finit par en avaler une partie.

Voilà, sans doute, une des causes ignorées encore de la présence d'une petite portion d'animal, à moitié vivant, dans une coquille gisant à terre, et que quelque Testacelle devait avoir dévoré pendant son extension ; on ne trouve pas de larves dans l'intérieur du têt, comme nous avons pu nous en convaincre ; tandis que les animaux atteints par les *Lampyres* et les *Staphylins* logent leur ennemi presqu'en entier dans les parties molles du corps.

Comme tous les autres mollusques, ceux dont nous nous occupons, après un repas abondant, jeûnent au fond de leur retraite, et ce n'est que lorsque la faim se fait de nouveau sentir qu'ils les abandonnent pour chercher de nouvelles pâtures.

Parmi ceux que nous avions séparés, après leur chasse, nous en remarquâmes cinq qui restèrent quatorze jours et treize nuits cachés dans leur trou, malgré une température orageuse. Trois autres ne restèrent que quatre jours, et le plus grand nombre, deux jours et deux nuits.

Il est bon de signaler que ce sont toujours les plus âgés qui jeûnent ainsi; ceux qui n'ont pas atteint l'état adulte ne jeûnent guère que le jour si la température est humide.

Les vents ayant soufflé du Nord et de l'Est pendant les mois de Juin, Juillet et Août 1856, nos mollusques se sont couverts d'une sorte de cocon semblable à celui des Lépidoptères, du genre Smérinthe, rugueux en dehors, chargé de particules terreuses; lisse et brillant en dedans, et de couleur brune. Dans cet état, le manteau s'amincit et dépasse de sept à huit millimètres les bords de la coquille.

C'est sans doute cette enveloppe que signale Férussac, comme étant le prolongement du manteau; car, malgré toutes nos expériences et celles de MM. Durieu et Jaudouin, nous n'avons pu constater l'extension du manteau recouvrant entièrement le corps du mollusque (1). Nous avons pu nous assurer seulement que, pendant un temps sec, le manteau dépasse un peu la coquille, et qu'une pellicule de mucus se durcit sur la peau et l'enveloppe. Nous ne saurions, du reste, comprendre la possibilité d'une extension aussi grande du manteau chez les Testacelles.

L'enlèvement de la pellicule muqueuse détermine, chez les animaux

---

(1) Voici en quels termes Férussac, à deux reprises différentes, décrit cette extension du manteau :

« En ayant mis un individu dans une boîte avec de la terre, et ayant négligé de
» l'humecter, je le trouvai à mon grand étonnement, quelque temps après, enve-
» loppé par le manteau, qui se retira peu à peu, sous la coquille, et qui, étant
» très-gélatineux, entretenait cet animal au frais. »

Essai d'une Méthode, etc , p. 41 (1807).

« Le petit manteau susceptible d'entourer tout le corps est cependant entièrement
» caché sous le têt, qui est dix fois moins long que lui; il est divisé en plusieurs
» lobes, dont le postérieur et latéral du côté gauche est caché dans la rainure où
» s'implante la clavicule, et recouvre par son développement la partie postérieure du
» corps, comme un dé qui entoure le bout du doigt; l'antérieur et le latéral du
» côté opposé achèvent d'entourer le corps »

Hist. nat. gén., p. 88 (1819).

privés subitement de leur abri, une maladie qui, presque toujours, entraîne la mort.

Nous avons essayé de couper des lombrics et de les donner ainsi mutilés en pâture aux Testacelles, mais jamais elles n'y ont touché. La méthode préconisée par M. Bouillet, pour se procurer des Testacelles, n'a donc point réussi chez nous. Elles n'aiment point les cadavres, et si elles arrivent à la surface du sol, ce n'est pas uniquement pour chasser; nous pensons plutôt que le but principal de leur sortie, est l'accouplement.

D'après des observations suivies, nous pensons pouvoir préciser la durée de la vie des Testacelles.

Nous avons eu à notre disposition des individus de tous les âges, depuis la sortie de l'œuf jusqu'au développement extrême, constaté sur des exemplaires de M. Durieu; il faut quinze mois pour que le mollusque arrive à la longueur moyenne, qui est de quatre-vingt millimètres (1).

La plupart des individus qui sont morts chez nous, pendant nos expériences, ou que nous avons trouvés dans cet état dans les jardins et les champs, avaient un peu plus de cette taille, et leur coquille avait acquis peu d'accroissement. Nous pensons, d'après cela, que la moyenne de la vie des *Testacelles* ne doit pas dépasser cinq à à six ans.

L'approche de la mort se manifeste par la rareté et l'épaisseur du mucus qui devient poisseux, filant comme un byssus crystallin; la peau se ride et se distend sur le dos et les flancs, sa coloration n'est plus uniforme. Chez le *T. haliotidea*, elle fonce en certains endroits et pâlit dans d'autres. Chez le *T. Maugei* type, elle se marbre de plaques d'un jaune sale sur le fond grisâtre; elle devient d'un jaune-vert, livide, chez la variété *albina*. Chez le *T. bisulcata*, elle passe du jaune citron au roussâtre.

Le mufle fait saillie, les tentacules présentent à peine leur extrémité; l'appareil générateur se gonfle et fait hernie; enfin, dernier indice de décomposition, la masse buccale sort complètement en dehors, entraînant avec elle la langue retournée et contractée; le manteau se rétrécit et la coquille paraît se détacher.

---

(1) Nous avons obtenu cette taille chez quelques individus nés dans nos caisses; mais ces faits sont rares et ne se rencontrent guère que chez la var. *albina*, beaucoup plus vorace que les autres. Le jardin de M. Durieu est très-favorable à leur développement.

L'odeur des Testacelles est âcre, nauséabonde, participant de celle des lombrics et des herbes humides.

Les fortes pluies de Janvier 1856 ont été funestes à nos mollusques ; une mortalité assez considérable a eu lieu à la suite de la trop grande humidité ; ce qui s'explique par le peu de profondeur de la caisse où elles vivaient, et l'absence de trous pour l'écoulement des eaux.

Du moment où nous nous sommes aperçus de leur dépérissement, nous nous sommes empressés de vider la caisse, de leur donner de la terre plus sèche et d'une épaisseur convenable, afin de leur laisser plus de liberté dans les mouvements.

Instruits par l'expérience, nous avons ménagé des vides pour l'évacuation des eaux, au moyen de trous forés au fond, et recouverts de fragments de briques ; sans cette dernière précaution nous aurions été exposés à perdre nos mollusques qui passent parfaitement par les moindres fissures.

En nous mettant ainsi à l'abri des éventualités, nous les avons rendus à leur existence presque normale, et peu ont succombé ; ce qui nous porte à penser qu'il n'y a eu alors et depuis ce temps, de cas de mort, que par suite des causes inhérentes à la succession des individus.

A l'époque où nous publions notre Monographie, nous possédons des Testacelles de tous les âges et de toutes les tailles, présentant des variations de couleur que nous signalons plus loin. Elles se sont parfaitement accouplées, ont pondu, et déjà quelques embryons ont brisé leurs œufs. Ces pontes récentes et très-nombreuses nous permettront de pouvoir répandre la Testacelle de Maugé, peu connue jusqu'à ce jour, et considérée comme espèce rare lorsqu'elle habitait si près de nous.

CLASSIFICATION DU GENRE.

§ Ier.

Le genre Testacelle étant parfaitement naturel, il s'agit de déterminer sa place dans la méthode, ses affinités et ses différences avec les genres voisins.

Rappelons d'abord les opinions des anciens naturalistes.

Aux yeux de Réaumur, Dugué, de La Faille, Valmont de Bomare, Favanne; la Testacelle est une sorte de Limace à coquille extérieure. Ce jugement est porté d'après l'étude de l'animal. Favanne fait même remarquer qu'il comble la lacune existant entre les Limaces nues et les Testacées terrestres.

Cuvier, en 1800, Lamarck, en 1801, Bosc, en 1802, de Roissy, en 1805, adoptant les idées souvent erronées des conchyliologistes, et oubliant les observations faites sur les animaux, ne considérèrent dans les Testacelles que la forme de la coquille, et la classèrent dans le voisinage de genres à têt haliotidiforme. C'est ainsi que la Testacelle fut placée entre les Limaces et les Sigarets, les Stomates et les Haliotides, les Patelles et les Haliotides, les Concholépas et les Haliotides.

Cuvier, dans son anatomie (1804), trouva quelques rapports entre les Limaces et les Testacelles; mais rapprocha ces dernières des Onchidies (*Peronia*). Draparnaud les considéra comme intermédiaires entre les Limaces et les Vitrines. Cette opinion, développée plus tard par Lamarck et Férussac, fut adoptée par tous les naturalistes, et le genre Testacelle devint partie intégrante des Limaciens. Placé à l'extrémité de cette famille, il faisait avec les Vitrines le passage aux Hélices.

Cependant, l'anatomie comparée des mollusques terrestres devait porter plus tard atteinte à cet arrangement.

M. Raymond, étudiant en 1853 (1) l'anatomie de la Glandine algé-

____

(1) *Journal de Conchyliologie*, p. 14.

(33)

rienne, et frappé des rapports de ce mollusque avec la Testacelle ;
avança que la Testacelle était pour lui une Glandine à coquille rudi-
mentaire.

M. Gray, en 1854 (1), d'après l'examen de la langue de notre mollusque, l'éloigne des Limaciens, et fonde la famille des *Testacellidæ*, dans
laquelle il le fait entrer, avec le genre *Peronia* (Onchidie de Cuvier) ;
ne trouvant entre l'organisation de la langue de ces deux genres aucune
différence. Il remarque de plus, que la transition des Testacelles aux
Hélices se fait par les Zonites, dont la plaque linguale, en effet, parti-
cipe de celle de ces deux coupes.

L'un de nous, enfin, en 1856 (2), conclut de l'étude anatomique des
Daudebardies, à leur rapprochement des Testacelles et des Glandines,
dans une même famille, celle de M. Gray.

MM. Adams (3) ont adopté la coupe des *Testacellidæ*, mais n'y ont
compris que les Testacelles et les Plectrophores. Ce dernier genre, tout-
à-fait problématique, avait déjà été placé dans ce voisinage depuis
Favanne.

§ II.

Après avoir donné une idée générale de l'opinion des auteurs à ce
sujet, il convient de signaler les différences des Testacelles avec les
genres et les familles voisines.

Le manteau de la Testacelle, véritable collier, comme celui des Hélices,
garni d'un bourrelet externe, ne peut être comparé au bouclier des
Limaciens, et encore moins à celui des Vitrines, pourvu d'un lobe
polisseur.

L'absence de mâchoire sépare les Testacelles de tous les genres terrestres, excepté les Daudebardies et les Glandines. Il en est de même de
la forme de la langue, de ses spinules, de la longueur de la poche linguale, du développement de ses muscles intrinsèques et extrinsèques.

La forme de l'estomac, la brièveté du tube digestif viennent s'ajouter
à ces caractères. La position postérieure des orifices respiratoire et anal
n'est commune qu'avec les Daudebardies.

---

(1) Ouvrage cité.
(2) *Journal de Conchyliologie*, p. 15.
(3) *Genera of recent moll.*, etc. (1855).

5

La présence d'une coquille externe sépare encore les Testacelles des Limaciens ; car certains genres à têt presque externe, regardés comme Limaciens (*Peltella* , *Girotis*), sont des *Vitrinidæ*.

Le système générateur présente une verge munie d'un *flagellum* : particularité qu'on ne trouve pas chez les Limaciens. De plus, la poche copulatrice possède un très-long col, ainsi que les Hélices.

Nous pourrions encore parler des différences tirées du système nerveux et des organes des sens ; mais nous croyons ces preuves convaincantes pour faire rayer les Testacelles, des Limaciens.

Quant aux Plectrophores, on ne sait trop ce qu'ils peuvent être. On les a présentés avec un manteau ou bouclier, un orifice respiratoire sur le côté droit, une coquille de forme bizarre. Aucun voyageur n'en a rapporté en nature. Nous pensons donc qu'on ne doit pas s'occuper d'un genre connu seulement par des figures inexactes.

§ III.

L'anatomie des Glandines montre, chez l'espèce américaine, étudiée par M. Leidy (1) , la disposition suivante des organes digestifs :

« L'orifice buccal est triangulaire et borné par trois lèvres papilleuses, « une supérieure, deux latérales. La poche buccale est un très-long « cylindre musculeux, un peu recourbé en bas à la partie postérieure. « Il n'existe pas de cul-de-sac pour la poche linguale, se prolongeant en « arrière. Le muscle rétracteur se divise en trois faisceaux.... La poche « buccale est recouverte d'une enveloppe très-mince composée de fibres « musculaires longitudinales, se continuant avec celles du muscle rétrac- « teur... Cette couche présente au tiers antérieur de la masse buccale, « latéralement et inférieurement, plusieurs faisceaux se rendant aux tégu- « ments des lèvres.... Il n'y a pas de mâchoire.... Les deux tiers postérieurs « de la masse buccale sont occupés par un long organe ovale, composé « de nombreux faisceaux de fibres musculaires..... Les faisceaux latéraux « laissent entre eux supérieurement un interstice au fond duquel on « trouve la plaque linguale, en forme de tube, fermé postérieurement, « ouvert et réfléchi sur la partie antérieure de l'extrémité libre de l'or- « gane (le muscle lingual)..... Les dents de la lame linguale sont ar-

______

(1) *Special Anatomy*, etc , in Binney,, t. I, p. 214 (1851).

« rangées diagonalement en partant de la ligne médiane , d'où elles se
« dirigent en rangs parallèles de dedans en dehors..... L'estomac est
« irrégulièrement cylindroïde, et a un cul de sac à son origine, se pro-
« jetant en avant de l'ouverture œsophagienne. »

M. Raymond (1) constate , chez la Glandine algérienne , une disposition semblable de la poche buccale, un muscle rétracteur, un estomac
remarquable par son analogie avec celui des mammifères carnassiers.
« C'est une sorte de cornemuse renflée, placée à droite. » Des conduits
filiformes font communiquer les glandes salivaires entre elles. Le foie
est séparé en deux lobes; le nerf tentaculaire est plus développé que dans
tous les autres genres de Gastéropodes terrestres.

Le même auteur, parlant des mœurs des Glandines, signale leur extrême voracité. Elles paraissent plutôt nocturnes que diurnes, et se rencontrent avant le lever du soleil. Dès que le jour paraît, elles s'enfoncent profondément sous la terre.

Quant aux Daudebardies (2), on trouve chez elles une même disposition des lèvres, un muscle lingual allongé, une plaque linguale pourvue
de spinules semblables, des muscles protracteurs insérés près du cou ,
deux très-forts muscles rétracteurs, estomac pyriforme, papilleux à sa
surface interne , intestin court.

Les mœurs offrent les plus grands rapports. Les Daudebardies restent
enfoncées dans la terre, et n'en sortent guère qu'au Printemps pour y
rentrer en Été. Elles meurent au soleil en se desséchant , et vivent de
leur chasse. Elles se nourrissent surtout de mollusques vivants.

Les Péronies , rapprochées de ce groupe de genres , par M. Gray, doivent en être écartées. Elles sont , il est vrai, pulmonées ; leurs orifices
anal et respiratoire sont situés en arrière, leur foie se divise en deux
lobes principaux, enfin, leur plaque linguale est analogue ; mais des
différences importantes font bien vite passer sous silence ces rapports.
Elles n'ont que deux tentacules non rétractiles, les orifices générateurs
sont distincts , etc.

D'après les analogies nombreuses remarquées entre les trois genres,
Testacelle, Daudebardie et Glandine, nous croyons donc qu'il est naturel
de les réunir dans la même famille, comme nous l'avons déjà proposé.

---

(1) Loc. cit.
(2) *Journal de Conchyl.* (1856) ; loc. cit.

ÉTUDE DES ESPÈCES ET VARIÉTÉS.

A. *Coquille convexe.*

1.º **TESTACELLA MAUGEI**.

(Pl. 2. fig. 1. à 1 F).

Testacella haliotoides....... Lamarck , Syst. an. s. vert. p. 96. (1801).
— *haliotidea*........ Ledru , Voy. à Ténériffe (1810).
Testacellus Maugei.......... Férussac , Hist. nat. gen. p. 94. pl. VIII.
                          fig. 10-12 (1819).
Testacella Maugei........... Desh. Dict. class. nat. t. 16. p. 179 (1830).
— *Burdigalensis*.... Gassies in Grateloup. Limac. p. 15 (1855).
— *Oceanica* (n.p.).. Gratel. (1) loc. cit. p. 15 (1855).
— *Canariensis* (n. p.) Gratel. loc. cit. p. 15 (1855).

Animal variable, fortement chagriné, surtout dans la contraction, de couleur gris-enfumé. Tête petite, sensiblement acuminée ; tentacules supérieurs grêles, non renflés au sommet, point oculaire à peine visible ; tentacules inférieurs plus courts des deux tiers. Dos granuleux avec une bande marginale noire, allant en s'élargissant des grands tentacules au bord antérieur de la coquille. Une autre zône parcourt dans toute sa longueur la partie médiane dorsale, et est traversée par les linéoles formant des diagonales en chevron qui aboutissent aux bandes latérales. La peau du dos borde comme un bourrelet la partie antérieure de la coquille, qui paraît rentrante. Les flancs sont d'un blanc sale, parsemés de petits points noirâtres. Dessous et bord du plan locomoteur d'un jaune très-pale. Orifice respiratoire élevé. Extrémité postérieure du pied épaisse, arrondie, obtuse, dépassée légèrement par le sommet de la coquille.

Mucus abondant, incolore ou légèrement irisé. Près de l'orifice respiratoire, il peut s'échapper en abondance et former un groupe nombreux

---

(1) La notation *n. p.* indique que ces noms spécifiques sont proposés par M. de Grateloup , d'après des considérations de géographie malacologique

et élevé de bulles très-blanches, qui sortent en crépitant et s'amoncèlent au-dessus de la coquille.

L'anatomie offre des particularités intéressantes dans quelques organes. Ainsi, en raison de l'amplitude et de la concavité de la coquille, le manteau est très-développé, orné de taches noirâtres foncées. Le foie envoie un prolongement plus considérable dans le rudiment de tortillon. Cavité respiratoire très-grande.

Mais ce qu'il y a de plus remarquable chez le *T. Maugei*, c'est la longueur proportionnellement moins considérable de la poche linguale, maintenue seulement par *deux* tendons très-forts, larges, s'insérant · l'un à l'anus, l'autre un peu au-dessus et à gauche, sur la peau du dos. Ces deux tendons peuvent être divisés en deux ou trois parties qui se fondent dans la masse commune aux insertions.

Spinules allongées, étroites. Apophyse postérieure peu détachée du corps de la spinule. Apophyse antérieure aiguë formant le crochet de hameçon. Les spinules atteignent ordinairement trois-quarts de millimètre, mais dépassent souvent cette dimension.

Les œufs sont pondus à diverses époques de l'année, plus particulièrement vers la fin de l'été ; ils sont calcaires, un peu ovalaires, atténués aux deux extrémités. Le mollusque pond huit à quinze œufs épars qui éclosent selon les circonstances atmosphériques du vingtième au trente-cinquième jour (1).

« Coquille épidermée, assez grande, ovale allongée, à bords presque
« parallèles, un peu dilatée antérieurement, convexe en dessus, concave
« en dessous ; stries d'accroissement fines dans le jeune âge, rugueuses
« et élevées à l'état adulte. La couleur est vert bronze ou brunâtre ; la co-
« quille est luisante, mais souvent érodée surtout au sommet. Ouverture
« ovale, oblongue, arrondie antérieurement, obtusément anguleuse pos-
« térieurement ; bord columellaire réfléchi en bourrelet épais, formant
« gouttière à la face supérieure du têt. Columelle large, calleuse, acu-
« minée antérieurement, sans troncature sensible, légèrement infléchie
« aux trois-quarts antérieurs, bord droit mince, courbe, membraneux,
« un peu flexueux vers le centre, formant une gouttière très-prononcée
« à sa réunion avec la columelle. Spire de deux tours, le premier pointu,
« à peine enroulé sur une suture carénée.

---

(1) Lorsque la sécheresse surprend les animaux trop promptement, ils s'entourent de leur mucus et ne pondent que lorsque le temps redevient humide.

» Impression musculaire (1) en fer à cheval, oblique, arrondie du côté
« du bord droit, et se prolongeant sous la columelle. »

DIMENSIONS.

Longueur de l'animal.	80 — 125 millim.
Hauteur —	15 — 20
Plus grand axe de l'œuf.	5 $\frac{1}{2}$
Plus petit — —	4
Longueur de la coquille.	13 — 17
Largeur —	7 — 11
Hauteur —	3 $\frac{1}{2}$ — 5 $\frac{1}{2}$

On voit par ces mesures, que l'animal est loin d'atteindre, relativement à sa coquille, la proportion de celui de l'*haliotidea*. Le têt forme
ici ordinairement la sixième partie de la longueur totale; chez l'*haliotidea*,
c'est la quinzième environ.

VARIÉTÉS.

1° *Griseo-nigrescens*. C'est la plus commune; elle rappelle, par son fa-
cies général et sa coloration, le *Limax agrestis*;

2° *Roseo-fulvescens*. Assez rare;

3° *Griseo-fulvescens*;

4° *Griseo-rubescens*. C'est le type de Férussac; les bords du plan locomoteur sont rouge orangé. (*Animal rufescens, maculis bruneis
sparsis ornatum, tentaculis filiformibus, ora corporis aurantia;*
Tabl. syst., p. 26.)

5° *Viridans*. Type de M. Morelet. (Animal de couleur brun verdâtre
analogue à celle du bronze. Disque ventral couleur rouge orangé,
très-vif; tentacules effilés, sans renflement au sommet; les supérieurs bruns, les inférieurs presque incolores. Moll. Port., p. 48,
1845.)

6° *Albina*. Cette variété n'est pas commune; elle vit constamment avec les
autres. Sa couleur rappelle celle de l'ivoire vieilli. Le dos offre une
bande d'un fauve clair. Les plis de la peau sont peu apparents. La

---

(1) Cette impression signalée par M. Michaud sur le *T. Maugei* fossile, s'aperçoit
difficilement sur les coquilles fraîches, à cause du brillant de l'émail. Elle est très-
visible dans les vieux individus roulés.

coquille cornée luisante se détache nettement sur la teinte blanchâtre du corps. L'animal se distingue par sa voracité.

7° *Fossilis.*

Testacella Deshayesii.......... Michaud, Descript. coq. foss.
p. 3. pl. II. fig. 10-11
(1855).
— *Altæ Ripæ* (n. p.). Gratel. Limac. p. 16 (1855).
Fossile de Haute-Rive (Drôme), marnes bleues.

MM. Deshayes et Noulet nous ont communiqué des exemplaires typi-
ques de ce fossile, que nous considérons, sans aucune hésitation, comme
l'analogue du *T. Maugei.* La coquille paraît plus lisse.

HABITAT.

Cette espèce a été mentionnée, jusqu'à présent, dans le voisinage du
littoral océanien, plus particulièrement dans le sud-ouest. En France,
on l'a trouvée à : Dieppe (Dugué); La Rochelle (d'Orbigny père, Auca-
pitaine); la Gironde, à Blanquefort (Roussel); Bordeaux (Durieu);
Gradignan (Jaudouin, Henri Drouët); en Angleterre, à Bristol, acclimatée (Leach, Férussac); en Portugal (Morelet); iles Canaries (Maugé,
Ledru, Férussac, Rang, Webb et Berthelot); Madère (Lowe).

OBSERVATIONS.

Cette espèce est plus féconde que ses congénères. Elle pond jusqu'à
cinq fois dans la même année; aussi est-elle commune dans les terrains
où elle se plaît. Elle vit en société par groupes nombreux. Les individus
de la Gironde paraissent rechercher les terres légères argilo-siliceuses,
peu compactes, exposées au Nord ou Nord-Ouest, et maintenues par
conséquent dans un état d'humidité suffisant pour que les lombrics soient
à leur portée.

Nous l'avons déterminée après l'avoir comparée minutieusement aux
types de Férussac, Morelet, Michaud, Rang, Webb, existant, soit au
Muséum, soit entre les mains de MM. Lartet, Deshayes, d'Orbigny,
Des Moulins, etc. L'*habitat* de cette espèce en France, dans plusieurs
départements occidentaux, l'abondance avec laquelle on la trouve, ne
nous laissent aucun doute sur sa qualité d'indigène (1).

____

(1) A l'apparition du premier fascicule de l'ouvrage de M. Moquin-Tandon, sur

2.° **TESTACELLA LARTETII.**

(Pl. 2 , fig. 2-2 D)

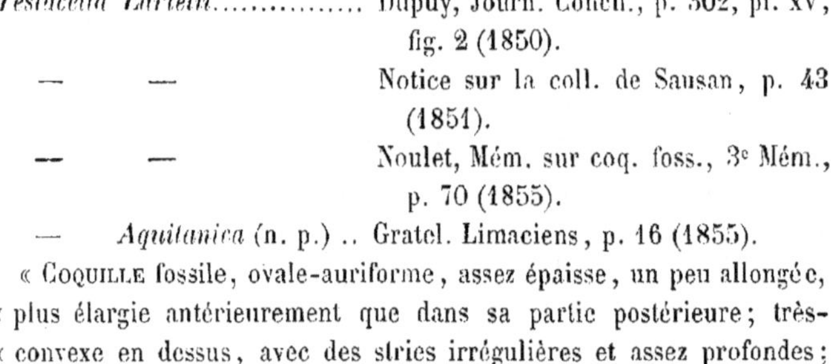

Testacella Lartetii............... Dupuy, Journ. Conch., p. 302, pl. xv,
        fig. 2 (1850).
—   —   Notice sur la coll. de Sausan, p. 43
        (1854).
—   —   Noulet, Mém. sur coq. foss., 3ᵉ Mém.,
        p. 70 (1855).
—   *Aquitanica* (n. p.) .. Gratel. Limaciens, p. 16 (1855).

« Coquille fossile, ovale-auriforme, assez épaisse, un peu allongée,
« plus élargie antérieurement que dans sa partie postérieure ; très-
« convexe en dessus, avec des stries irrégulières et assez profondes ;
« rudiment de spire, saillant en dehors quoique plus bas que le reste de

---

les *Mollusques terrestres et fluviatiles de la France*, nous vîmes que l'auteur réunissait toutes les Testacelles décrites précédemment par M. l'abbé Dupuy, au type de Draparnaud. Nous avions pu constater qu'il en était autrement par des dissections et par l'observation des mœurs des animaux. Nous signalâmes ces faits à M. Moquin-Tandon, en lui offrant même de mettre nos remarques à sa disposition, afin d'éviter une lacune dans son ouvrage. Notre lettre resta sans réponse, et nous ne pûmes pas voir M. Moquin-Tandon chez lui, en Septembre 1855. Notre collègue, M. Durieu de Maisonneuve, fut plus heureux ; mais son attestation ne décida pas l'honorable auteur à se rendre à l'évidence des faits, et nous avons eu le regret de lire à la fin du genre *Testacelle*, l'arrêt suivant d'exclusion d'un des mollusques les plus intéressants de la France :

ESPÈCES A EXCLURE.

« . . . . *Testacella Maugei* Fer., indiquée à Dieppe ; probablement apportée avec quelque plante exotique. »

De notre lettre et de la communication verbale de M Durieu, pas un mot ! ....

Enfin, en 1856, M. Durieu a fait parvenir à M. Moquin-Tandon le *Test. Maugei* et ses congénères de Bordeaux. Celui-ci a répondu en reconnaissant tardivement les différences spécifiques des animaux et des coquilles. Quant au *T. Maugei*, M. Moquin-Tandon ne connait ni l'espèce de Férussac, qui existe pourtant au Muséum, ni ce que les auteurs en ont écrit. Il le considère comme un mollusque exotique qui se sera peut-être naturalisé.

Notre ami, M. H. Drouët, a pu se convaincre pendant son séjour à Bordeaux, que le *T. Maugei* est bien indigène. En compagnie de M. Jaudouin et nous, il a pu en voir recueillir dans les vignes de Gradignan, le 29 Avril 1856, soixante-sept individus en moins de deux heures.

« la coquille, sensiblement séparé du bord columellaire; sommet pres-
« que aigu; ouverture très-ample, profonde et creusée en dessous jus-
« qu'au sommet du rudiment de spire; arrondie en avant, un peu angu-
« leuse à son extrémité postérieure; bord droit, un peu tranchant; bord
« columellaire, arrondi, sans être déprimé.

« Impression musculaire en croissant obtus, luisante, visible seule-
« ment à la loupe.

« Œufs légèrement acuminés aux extrémités de leur grand axe (1) ».

DIMENSIONS.

Longueur de la coquille. 6 — 7 millim.
Largeur   —   3 — 4
Hauteur   —   2

HAB. fossile de Sansan (Gers); terrain miocène, où M. Lartet l'a
trouvé dans l'argile friable à petits ossements. Très-rare.

OBSERVATIONS.

Nous avons eu en communication l'exemplaire qui a servi à la description et à la figure de M. l'abbé Dupuy; il diffère légèrement de l'individu
que M. Noulet nous a confié.

Comme le fait observer le professeur de Toulouse; dans son exemplaire,
le premier tour n'est ni aussi dégagé de la spire, ni aussi proéminent;
le têt est lisse et luisant en dessus avec quelques stries d'accroissement
très-visibles. L'intérieur est fauve, brillant, conservant tout son émail.

Cette espèce diffère de la précédente : 1° par sa taille moindre ; 2° sa
face externe plus plane ; 3° sa columelle plus arrondie ; 4° son impression musculaire plus étroite et moins profonde.

3° **TESTACELLA ASININA.**

(Pl. 2, fig. 3.)

Testacella *asinium*................. Marc. Serr. ann. Sc. nat. p. 409 (1827).
— *asininium* .... Bronn., Ind. p. 1259 (1849).
— *asinina*.................. Bronn. loc. cit. p. 502.
— *Monspessulana*(n. p.). Gratel. loc. cit. p. 16.

---

(1) Un œuf existe dans la collection de M. Deshayes, et provient des fouilles de
Sansan. C'est d'après son examen que nous en décrivons le principal caractère.

« Coquille fossile, petite, allongée, ayant la forme d'une haliotide,
« seulement plus allongée et beaucoup moins arrondie. Spire très-courte
« et très-petite, ayant à peine un tour et demi ; elle forme à son sommet
« comme un petit mamelon roulé en spirale. Ouverture très-grande ayant
« la forme d'un ovale fort allongé et très-rétréci. Par suite du pli de la
« columelle, la coquille paraît comme perforée à la manière des tire-
« bouchons. La coquille offre quelques stries dans le sens de sa longueur
« et de sa largeur (M. de S.) »

Hab. Fossile des terrains de formation d'eau douce. Environs de
Cette (Hérault.)

OBSERVATIONS.

M. Marcel de Serres avance que la forme de cette espèce la sépare de
toutes les Testacelles connues. D'après l'examen de l'exemplaire existant
au Muséum, nous partageons cette opinion; le rétrécissement de la partie antérieure, l'étroitesse du têt, servent, en effet, à distinguer nettement l'espèce. Elle appartient indubitablement au groupe des Testacelles concaves. Férussac l'a figurée dans son grand ouvrage, mais le
texte n'en fait pas mention.

Les exemplaires connus sont tous incomplets et non dégagés de la
roche.

4° **TESTACELLA BRUNTONIANA.**

Testacella Bruntoniana........ Marcel de Serr. Mem. terr. transp. p. 51
(1851).
— id.............. Rev. et Mag. Zool. p. 581 (1853).
— *Browniana*.......... Gratel. Limac. p. 16 (1855).
— *Occitaniæ* (n. p.)... Gratel. loc. cit.

« Coquille fossile, ovale-oblongue, subconvexe, sommet obtus, sub-
« ombiliqué (M).

Longueur de la coquille.... 11 millim.

Hab. Fossile des marnes argileuses blanchâtres de Montpellier.

OBSERVATIONS.

D'après la courte description, et la dimension de cette espèce, on
peut la rapprocher du *T. Maugei*, fossile déjà dans la Drôme. M. Marcel
de Serres, lui donne pour caractères distinctifs sa grande taille, sa spire
obtuse et entourée d'une excavation ombilicale, sa columelle renflée
dans toute l'étendue du bord gauche.

B. *Coquille applatie.*

5º TESTACELLA COMPANYONII.

(Pl. 2. fig. 4-4-B).

Testacellus haliotideus var...... Aleron. Guid. en Roussill., p. 327(1842).
Testacella Companyonii........ Dupuy, Hist. nat. fr. p. 47, pl. 1 fig. 3
         (1847).
—   *haliotidea* var........ Moq.-Tand. Hist. nat. Moll. fr. p. 39
         (1855).
—   *Canigonensis* (n. p.), Gratel. Limac. p. 15 (1855).

ANIMAL différent des espèces connues, par sa grosseur et les couleurs habituelles de son corps *(Companyo)*.

« COQUILLE ovale auriforme, un peu allongée, rétrécie antérieure-
« ment et élargie postérieurement, convexe en dessus, irrégulièrement
« et assez fortement striée; le rudiment de spire est assez petit, mame-
« lonné et obtus; il n'est point comme dans le *T. bisulcata*, séparé du
« reste de la coquille par un sinus apparent; mais à deux millimètres
« au-dessous, on voit une sinuosité assez bien marquée, qui est le ré-
« sultat de l'enroulement de la columelle et de la jonction du bord exté-
« rieur au bord columellaire. L'ouverture est très-ample, sensiblement
« rétrécie antérieurement, et arrondie postérieuremeut; le bord colu-
« mellaire déprimé et sinué vers sa jonction avec le bord droit, y forme
« une gouttière bien marquée; il présente, à son extrémité antérieure,
« une très-légère trace de troncature. La coquille semble usée à l'exté-
« rieur par le frottement. Épiderme gris noirâtre. Intérieur d'un blanc
« pur un peu nacré. (Dupuy). »

DIMENSIONS DE LA COQUILLE.

Longueur........ 17 millim.
Largeur.......... 8
Hauteur .... 2 ¹/₂

HAB. Saint-Martin-du-Canigou et dans les lieux humides de la métai-
rie de M. de Paillarès, près de Rigarda-en-Conflent (Pyrénées-Orientales).
Très-rare.

OBSERVATIONS.

Nous avons vu cette espèce, mais il y a très-longtemps, et il nous serait difficile de nous rappeler aujourd'hui ses caractères distinctifs. Voici
ce qu'en dit M. Dupuy, qui l'a étudiée avec soin :

« A ne considérer d'abord que sa taille , elle est à peu près double de celle de la *Testacella haliotidea*, et les plus grands échantillons de la *Testacella bisulcata* n'atteignent que les deux cinquièmes environ de sa longueur, d'où nous devons conclure une différence énorme dans l'animal. Cette différence est plus sensible encore lorsqu'on la compare avec cette dernière ; elle est d'ailleurs séparée de la première par tous les caractères qui distinguent la *Testacella bisulcata* de la *Testacella haliotidea*, puisqu'elle a les plus grands rapports avec la *Testacelle à deux sillons.* D'un autre côté, elle diffère de celle-ci : 1º par sa taille ; 2º par la convexité de sa coquille, la première étant toujours à peu près plane ; 3º par son sommet mamelonné et non séparé inférieurement du reste de la coquille par un sinus nettement tranché ; 4º par la troncature antérieure de la columelle beaucoup moins prononcée dans celle-ci, etc. »

Nous pensons que cette espèce doit être conservée jusqu'à plus ample informé. Il serait désirable que l'anatomie de l'animal fût faite ; peut-être démontrerait-elle une organisation identique à celle du *bisulcata.* Dans tous les cas, la variété *major* de cette dernière espèce et qui a été trouvée en Algérie, fait le passage, quant à la coquille, entre le *T. bisulcata* et le *T. Companyonii.* On sait, de plus, que plusieurs mollusques algériens et espagnols, remontent jusqu'aux Pyrénées-Orientales et à la Provence ; entre autres : *Helix lactea*, *melanostoma*, *aperta*, *candidissima*, *explanata*, *algira*, etc.

6º **TESTACELLA BISULCATA.**

(Pl. 2. fig. 5-5 C)

Testacellus bisulcatus .... Risso , Hist. nat. Eur. mér. IV.
p. 58, nº 126 (1826).
Testacella bisulcata .... Dupuy loc. cit. p. 44, pl. 1, fig. 2
(1847).
    —   *haliotidea* var............... Moq.-Tand. loc. cit. p. 39, pl. V,
fig. 23 (1855).
    —   *Galloprovincialis* (n. p.)... Gratel. Limac. p. 15 (1855).

ANIMAL plus petit mais de même forme que celui du *T. haliotidea ;* effilé, chagriné et ridé assez irrégulièrement. Les rides deviennent presque invisibles sur les flancs, et les sillons qui vont des grands tentacules à la coquille, sont également peu marqués. Tentacules grêles et cylindriques ; point oculaire d'un vert noirâtre. Couleur d'un roux jaunâtre pointillé de brun rouge, devenant moins foncée près du pied. Plan locomoteur d'un jaune vif; bords du disque orangés. Manteau débordant presque constamment la coquille et pouvant recouvrir en arrière l'extrémité du pied.

Mucus peu abondant, mince, vitracé, brillant, formant peu de globules lorsqu'il s'échappe dans le voisinage de l'orifice respiratoire.

Poche buccale, proportionnellement plus étroite et plus allongée que dans les autres espèces; muscles de la bouche très-forts ; *une vingtaine* de muscles rétracteurs, à insertions obliques. Spinules minces, renflement antérieur non creusé en crochet; apophyse postérieure arrondie , séparée du corps de la spinule par un enfoncement marqué ; s'éloignant assez facilement de la plaque à laquelle elle est attachée par des ligaments très-minces. Organes de la génération développés.

Œufs très-petits, exactement sphériques, pareils à des grains de plomb n° 2 ; enveloppe calcaire très dure. La ponte donne peu de produit : cinq ou six œufs au plus, déposés dans une galerie. L'éclosion a lieu du vingtième au trente-sixième jour. Mis à l'air libre, la pellicule calcaire ne tarde pas à éclater.

« Coquille épidermée, très-aplatie, auriforme, finement et réguliè-
« rement striée ; atténuée antérieurement. dilatée dans sa partie moyenne.
« Sommet lisse, élevé, très-aigu, infléchi à droite , nettement séparé de
« la columelle. Un tour et demi de spire , suture assez étroite. Ouverture
« très-ample à concavité presque nulle ; rétrécie antérieurement et ar-
« rondie postérieurement. Columelle mince, transparente, plus relevée
« et portée en dehors que dans les autres espèces; tronquée antérieure-
« ment, presque droite en avant de la troncature, et devenant ensuite
« courbe. Le bord droit, mince et tranchant, est séparé de la columelle
« par un espace appréciable, et forme une sorte de gouttière. A la face
« supérieure de la coquille, le bord interne de la columelle fait une
« légère saillie qui rend plus considérable l'aplatissement du têt.
« Épiderme corné ou ferrugineux. Intérieur blanchâtre ou d'un jaune-
« nacré.

« Impression musculaire en croissant, allongée, étroite, arrondie aux
« extrémités, et se terminant un peu en arrière de la troncature, sous la
« columelle. »

DIMENSIONS.

Longueur de l'animal........ 65 — 80 millim.
Hauteur   —   8   . —
Plus grand axe de l'œuf....   4   . —

Plus petit axe de l'œuf....	3 $\frac{1}{2}$	—
Longueur de la coquille....	5 — 7	—
Largeur —	3 — 4	—
Hauteur —	1 $\frac{1}{2}$	—

VARIÉTÉS.

1° *Major*. Animal plus grand que le type, de couleur très-foncée, tranchant sur la teinte jaune du plan locomoteur. Coquille assez grande, très-large à son tiers postérieur, extrémité antérieure plus arrondie, troncature moins sensible. L'examen anatomique de l'animal prouve son identité avec celui du *bisulcata*. (Pl. 2. fig. 5-D).

2° *Albina*. Couleur jaunâtre ou blanchâtre, uniforme ; granulations de la tête et du cou extrêmement saillantes. Coquille semblable à celle de la variété *major*.

HABITAT.

Le type se rencontre dans les jardins de Grasse, en Provence (Mouton, Astier), sous les pierres des collines de Nice, en Février et Mars (Risso, Cantraine). Les deux variétés à Constantine (Raymond). Elle est assez commune, mais sort moins souvent de terre que l'*haliotidea* ; de là, la rareté de sa capture.

OBSERVATIONS.

Il est difficile d'admettre que cette espèce puisse faire du dégât dans les potagers, en dévorant les racines de laitues (1). L'organisation du système digestif est identique chez toutes les espèces; partout l'on retrouve des spinules acérées. Aussi, comment s'expliquer que des animaux essentiellement carnassiers, délaissant même des lombrics morts, puissent être en même temps phytophages. La même erreur a été avancée par les auteurs de l'Encyclopédie méthodique, où les Testacelles sont considérées comme des fléaux pour les récoltes.

Le *T. bisulcata* doit être maintenu comme espèce distincte, non-seulement d'après l'examen de la coquille, mais encore d'après celui de l'animal, de la forme des œufs, etc.

La coquille est plus allongée que celle de l'*haliotidea*, plus rétrécie antérieurement, plus aplatie. La spire est détachée, la columelle

---

(1) Mouton in Dupuy, loc. cit., p. 46.

sinueuse, est tronquée et plus relevée; enfin le renflement de la partie postérieure de la coqullle lui donne une forme toute contraire de celle du *T. haliotidea* var. *scutulum*.

7°. TESTACELLA HALIOTIDEA.

(Pl. 2. fig. 6-6 D).

Testacella haliotidea . . . . Drap. tabl. moll. p. 99. (1801).
— *Europæa* . . . . Royssy. t. 5. p. 252. (1805).
Helix subterranea . . . . Lafon-du-Cujula, loc. cit. p. 143 (1806).
Testacella Galliæ . . . . Oken. Lehrb. nat. 111 p. 212. (1815).
Testacellus haliotideus . . . . . . Fer. Hist. gen. p. 94. (1819).

ANIMAL allongé, à tête acuminée. Tentacules supérieurs bruns ou noirâtres, courts; les inférieurs très-petits et plus pâles; point oculaire à peine visible. Cou d'un brun assez prononcé; mais cette teinte se fond peu à peu vers le dos qui devient alors roux-uniforme ou blond, plus pâle vers le pied. La peau enchâsse la coquille et en recouvre légèrement les bords. La partie postérieure du corps est assez large et élevée, sillonnée de plis très-nombreux, ne s'effaçant point pendant le repos et destinés à faciliter les mouvements de l'animal. Dans la reptation la queue s'aplatit et la coquille devient presque horizontale; chez le *T. Maugei*, au contraire, cette partie s'élève et la coquille s'incline de haut en bas, et d'avant en arrière, de sorte que la spire touche presque le sol. Bords du plan locomoteur plus pâles que le dos. Disque ventral blanchâtre ou légèrement roussâtre; fonçant et devenant jaune-paille, par la dessication. Peau très-épaisse et coriace.

Le mucus est abondant, incolore, à peine irisé, il suinte par tout le corps, mais s'échappe surtout du voisinage de l'orifice respiratoire, pendant la contraction.

Poche linguale assez large; *une trentaine*, au moins de tendons rétracteurs, dont la longueur (dix à douze mill.) augmente, à mesure que leurs insertions se rapprochent de l'anus. Spinules plus courtes et plus massives que dans les autres espèces; assez fortement arquées (de cinq à sept mill. de longueur) (1). Apophyse postérieure saillante, arron-

---

(1) C'est d'après cette espèce que M. Moquin-Tandon avait figuré et décrit la mâchoire des Testacelles (*Actes de la Soc. Linn. de Bordeaux*, t. XV, p. 261, pl. 1 fig. 6). Depuis cette époque, il a relevé cette erreur dans le *Journal de Conchyliologie*, t. II, p. 127.

die, et séparée du corps de la spinule par un angle rentrant assez
profond. Apophyse antérieure sans crochet.

Les œufs sont de forme ovale-oblongue, renflés au centre, et acuminés aux extrémités; leur enveloppe est très-dure; exposés à l'air ils
crépitent et se brisent rapidement.

Le mollusque pond en Avril, Mai, Juin et Juillet, six ou sept œufs,
épars dans une galerie; l'éclosion n'a pas lieu avant vingt-cinq ou trente
jours.

« Coquille ovale-auriforme, déprimée, rugueuse; stries d'accroisse-
« ment souvent superposées. Epiderme fauve, mince, s'exfoliant facile-
« ment; spire très-courte, de un tour et demi; suture peu profonde;
« sommet luisant, presque médian; non détaché de la columelle. Ouver-
« ture très ample, arrondie et dilatée antérieurement; columelle arquée
« non sinueuse; amincie postérieurement; bord droit presque vertical,
« faisant un angle marqué à sa réunion avec la columelle. Intérieur
« nacré, blanchâtre, quelquefois irisé de bleu, peu brillant.

« Impression musculaire superficielle, en croissant, arrondie à ses
« extrémités; se terminant vers le bas de la columelle.

« Chez les vieux individus, la columelle s'épaissit beaucoup près de la
« spire, et devient anguleuse (1) ».

DIMENSIONS.

Longueur de l'animal.......	70 —	75 millim.
Développement extrême....	110 — 120	—
Hauteur......................	7 —	8 —
Plus grand axe de l'œuf....	5 —	9 —
Plus petit —	3 —	4 —
Longueur de la coquille...	6 —	10 —
Largeur......................	4 —	7 —
Hauteur...	2	—

VARIÉTÉS.

1° *Major*. Coquille très-grande et très épaisse, columelle élargie,
saillante et carénée.

---

(1) Nous possédons un individu trouvé mort, dans le jardin de M. Normand, à
Bordeaux. Le manteau avait secrété une si grande quantité de calcaire, qu'on voyait
une granulation arrondie et brillante comme les perles de certains acéphalés.

2° *Elongata*. Coquille mince, allongée, étroite. (Pl. 2. fig. 6 E).

3° *Scutulum*. (Pl. 2. fig. 6 F).

> *Testacella scutulum*............ Sow. gen. of. sh., fig. 3-6 (1823).
> *Testacellus scutatum*.......... Lesson. Mon. Test. p. 249 (1838).
> *Testacellus haliotideus*........ Var. Gray. in Turt. p. 124 (1840).
> — *haliotidea* .... Var. Moq. Tand. Hist. Fr. t. 2 p. 39
>   (1855). pl. 2. fig. 6. F.
> — *Anglica* (n. p.)... Gratel. Lim. p. 15 (1855).

ANIMAL semblable à celui de l'*haliotidea*. Coquille ovale, arrondie antérieurement, *très-acuminée* postérieurement; bord droit non anguleux, mince. Stries d'accroissement fines.

4° *Albina*. On trouve des individus uniformément blancs ou d'un jaune pâle, avec des coquilles du type ou des variétés.

5° *Trigona*.. Coquille un peu plus épaissie; bord droit très-dilaté vis-à-vis la spire, qui semble alors portée à gauche et non médiane. Columelle élargie. (Pl. 2. fig. 6. G.)

6° *Fossilis*.

> *Testacella haliotidea*.... Marc. de Serr. Géogr. terr. tert. (1829).
> *Testacellus haliotideus*. Bouillet, Coq. foss. Auverg. n° 87 (1836).

FOSSILE des marnes argileuses bleues du midi de la France; dans les couches de sable du fond de l'ancien lac de Sarliève, près Clermont.

HABITAT.

Les champs labourés, les friches, les jardins cultivés, la lisière des bois, sur les hauteurs, les plaines, à toutes les expositions. Se rencontre plus fréquemment dans le midi et le sud-ouest de la France. Elle y est commune, mais vit plus isolée que le *Maugei*. On la trouve facilement en Mars et Avril, avant le jour, dans les plates-bandes des jardins, ou sous les plantes et les feuilles sèches destinées à faire du terreau.

Indiquée en France, dans les Basses-Pyrénées (Mermet), les Hautes-Pyrénées (Dupuy), les Landes (Grateloup), la Gironde (Ch. des Moulins), le Gers (Dupuy), le Lot-et-Garonne (Gassies), le Lot (Férussac), la Haute-Garonne (Sarrat), la Dordogne (Ch. Des Moulins), la Charente-Inférieure (de La Faille), les Deux-Sèvres (Baugier), le Maine-et-Loire

(Millet), le Finistère (Collard des Cherres), Paris (jardin du Luxembourg et du Val-de-Grâce), acclimatée ? (Raymond); la Moselle, acclimatée (Fournel et Joba); l'Auvergne (Bouillet), la Provence (Draparnaud, Astier, Panescorse, Jacquemin); la Drôme (Faure-Biguet), l'Isère (A. Gras), les Pyrénées-Orientales (Aleron, Massot), etc.

La Corse (Blauner).

L'Angleterre, Guernesey (Turton, Gray, Sowerby).

L'Irlande (Grateloup).

L'Espagne (Graëlls).

Le Portugal (Morelet).

L'Algérie (Terver, Morelet).

Madère (Albers).

Les Canaries (Webb et Berthelot).

La var. 2 à Bordeaux (Comme et Jaudouin); la var. 3 à Lambeth, dans le comté de Surrey; la var. 4 à Toulouse (Sarrat), Bordeaux (Comme et Jaudouin), en Angleterre (Sowerby); la var. 5 à Bordeaux, à la Havane ! (Petit). Introduite sans doute.

OBSERVATIONS.

Cette espèce varie extrêmement dans sa forme; on en trouve dont la coquille est presque ronde, d'autres où elle est quadrangulaire, lozangique, ovale, etc.; mais les caractères spécifiques n'en persistent pas moins, et consistent surtout dans la courbure de la columelle et dans son amincissement antérieur sans troncature, dans l'accolement de la spire et de la columelle, etc. La variété *scutulum* s'écarte beaucoup du type, d'après l'examen que nous avons fait d'échantillons authentiques. Nous avons mentionné ses principaux caractères; on peut y ajouter encore le moindre renversement de la columelle, l'insertion plus interne du muscle de la coquille, le brillant de l'émail. Mais de l'aveu même des auteurs anglais, elle ne constitue qu'une simple variété. Les figures de l'animal, données par Sowerby et Reeve, semblent confirmer cette manière de voir.

Nous avons adopté pour cette espèce le nom qu'elle porte, quoiqu'il ne soit pas réellement légitime. Lamarck avait en 1801, quelques temps avant Draparnaud (Juillet 1801), nommé *haliotoides*, l'espèce de Ténériffe. Le nom imposé par Draparnaud à la Testacelle de France, ne devait pas rester comme presque identique. C'est pour cette raison que

de Roissy nomme *Europæa,* l'espèce de Draparnaud. Mais Lamarck adopta
plus tard le vocable de Draparnaud pour l'espèce française, et ne mentionna pas le *Maugei.* Il faut donc suivre la nomenclature ordinaire.

8° **TESTACELLA AURICULATA.**

« COQUILLE fossile, élargie postérieurement, rétrécie antérieurement,
« plane et presque convexe inférieurement, à peine bombée supérieure-
« ment. Stries fines et concentriques; pli columellaire saillant en dessus,
« applati; bord droit fortement strié extérieurement; spire de un tour et
« demi, obtuse, presque droite, luisante, placée à gauche. Ouverture
« large, auriculée, creusée seulement au centre; bords latéral et colu-
« mellaire larges, calleux, redressés fortement sur le dos. Columelle lé-
« gèrement arquée, s'amincissant graduellement aux deux extrémités.

« Impression musculaire en croissant, tronquée sous la columelle. »

DIMENSIONS.

Longueur de la coquille. 7 millim.
Largeur   —   4 $^1/_2$
Hauteur   —   1 $^3/_4$

HAB. Fossile de Vendôme. (Un exemplaire communiqué par M. Bourguignat.)

Cette espèce est distincte de toutes ses congénères, par sa forme auriculée, son têt calleux, solide, plane en dessus et dont les bords sont
garnis de bourrelets, etc.

ESPÈCES A EXCLURE.

1° *Testacellus ambiguus* Fér. p. 75. pl. VIII fig. 4 (1819), pl. VIII D,
fig. 9.

C'est une coquille de Parmacelle, figurée deux fois par Férussac,
et rapportée aux *Parm. Olivierii* et *calyculata.*

2° *Testacella Antillarum* Gratel. Limac. p. 46 (1855).

Espèce trouvée à La Guadeloupe et à La Martinique. C'est le
Succinea (omalonyx) unguis D'Orb.

3° *Testacella Berytensis* Gratel. loc. cit.

Nom proposé pour le *Daudebardia Saulcyi* Bourg.

4° *Testacella cornina* Bosc. Hist. nat. Coq. t. 3. p. 238 (an X).

Ce nom est donné à une limace à coquille de Favanne. « Nous
« avons depuis, dit ce dernier, découvert une autre limace qui
« porte aussi au bout de sa queue, une petite écaille conique imi-
« tant un cornet de papier. » — Ce mollusque aussi énigmatique
que le suivant, appartient au genre Plectrophore de Férussac.

5° *Testacella costata* Bosc. loc. cit.

« Un curieux anglais, M. Solandrac de Pilmont, nous a commu-
« niqué, dit Favanne, une autre espèce singulière de limace, et
« qu'on dit être originaire des îles Maldives. Ses couleurs sont très-
« belles, mais ce qui la distingue le plus, c'est une coquille ayant
« à peu près la forme d'un dé à coudre, qu'elle porte vers le bout
« de sa queue. » — Plectrophore.

6° *Testacellus Gayanus* Lesson. Mon. Test. Rev. zool. p. 249 (1838).
Succinea (omalonyx) Gayana D'Orb.

7° *Testacella Germaniæ* Oken. Lehr. Zool. t. 1. p. 312 (1816).
Vitrina elongata Drap.

8° *Testacellus Guadeloupensis* Less. loc. cit.
S. unguis.

9° *Testacella Guadelupensis* Gratel. loc. cit.

Nom proposé pour le *T. Matheronii*, qui doit se rapporter au
S. unguis.

10° *Testacella Matheronii* Pot. et Mich. Gal. moll. Douai. p. 63 (1838).
S. unguis.

11° *Testacella Saulcyi* Bourg. Test. nov. Or. p. 10. n° 1 (1852).
Daudebardia Saulcyi.

12° *Testacellus Teneriffæ* D'Orbigny père, inéd. in Férussac.

M. de Férussac, d'après une mauvaise figure, a fait de cette espèce le *Plectrophorus Orbignyi.* Les explorateurs de Ténériffe n'ont
jamais retrouvé ce mollusque; mais nous pensons qu'il n'est autre
chose qu'un *T. Maugei ;* nous sommes confirmés dans cette opinion
par la coloration de l'individu figuré par Férussac, et, par cette
remarque de M. D'Orbigny père : que l'on en trouve un autre plus
petit. Il veut parler, sans doute, du *T. haliotidea* qui vit avec le
Maugei, à Ténériffe.

13° *Testacellus unguis* Lesson. loc. cit.

S. unguis Fér. D'Orb. — Espèce dont l'*area* est très-considérable.

DISTRIBUTION GÉOGRAPHIQUE.

Elle est déjà connue par les *habitat* nombreux que nous avons donnés; mais on peut la formuler d'une manière plus générale.

Les Testacelles vivent surtout dans les endroits où l'influence maritime se fait sentir : cette proposition est incontestable pour le *T. Maugei;* l'*haliotidea* s'enfonce plus en avant dans les terres ; de plus, elles se rencontrent toutes les deux dans une zône assez large formée par les États occidentaux de l'Europe, l'Algérie, et les îles du N.-O. de l'Afrique.

En France, leur *area* est borné à l'E. par les Alpes. Le N.-E. en est dépourvu; elles sont abondantes, au contraire, dans le S. et l'O. jusqu'au 46° de latitude; et près de chacun des rivages de l'Océan et de la Méditerranée, on trouve deux espèces réunies.

L'*haliotidea* fait une trouée dans le bassin de la Loire, jusqu'au 48° de latitude.

En Italie, le *bisulcata* s'étend jusqu'aux Apennins.

Voici le trajet qu'on peut faire exécuter à chaque espèce :

1° Le *T. Maugei* va des Canaries à Madère, ne pénètre pas en Algérie, entre en Portugal, longe sa côte occidentale, celle de la France ; remonte à Dieppe, et va sur la côte occidentale de l'Angleterre se terminer à Bristol où on l'a introduite ;

2° Le *T. bisulcata* part de Constantine, reparaît dans les Pyrénées-Orientales avec une modification assez grande pour constituer une espèce (*T. Companyonii*), puis longe la côte de la Provence pour se terminer aux Apennins ;

3° Le *T. haliotidea* parti des *Canaries* avec le *Maugei,* suit les deux routes à l'orient et à l'occident, s'élève jusqu'en Irlande, et se porte à l'orient jusqu'en Corse.

Enfin, rappelons ce fait, que le genre *Daudebardia,* si voisin des Testacelles, le remplace dans les localités où il manque, sans jamais le rencontrer. Ils sont toujours séparés par des limites naturelles : ainsi le *T. haliotidea,* de l'Isère, est vis-à-vis les Daudebardies de la Suisse, mais entre eux s'élèvent les Alpes; de même à Nice, les Apennins séparent le *bisulcata* des Daudebardies de la Haute-Italie. Les Daudebardies s'avancent jusque dans la Prusse-Rhénane, à nos frontières, etc.

Quant aux espèces fossiles, elles couvrent un large espace de terrain ; elles ont été rencontrées dans la Drôme, l'Hérault, le Gers, l'Auvergne, le Loir-et-Cher, etc.

INDEX.

Helix subterranea Lafon.

Limace à coquille Dugué.

— *testacée* Favanne.

Testacella Altœ-Ripœ Grateloup.

— *ambiguus* Férussac.

— *anglica* Gratel.

— *Antillarum* id.

— *auriculata* G. et F.

— *asinina* Bronn.

— *asininium* id.

— *asinium* Marc. Serr.

— *Aquitanica* Gratel.

— *Berytensis* id.

— *bisulcatus* Risso.

— *Browniana* Gratel.

— *Bruntoniana* Marc. Serr.

— *Burdigalensis* Gassies.

— *Canariensis* Gratel.

— *Canigonensis* id.

— *Companyonii* Dupuy.

— *cornina* Bosc.

Testacella costata Bosc.

— *Deshayesii* Mich.

— *Europœa* Roissy.

— *Galloprovincialis* Gratel.

— *Gayanus* Lesson.

— *Germaniœ* Oken.

— *Guadeloupensis* Lesson.

— *Guadelupensis* Gratel.

— *haliotidea* Drap.

— *haliotoïdes* Lamk.

— *Lartetii* Dupuy.

— *Matheronii* Pot. et Mich.

— *Maugei* Férussac.

— *Monspessulana* Gratel.

— *Occitaniœ* id.

— *oceanica* id.

— *Saulcyi* Bourg.

— *scutatum* Lesson.

— *scutulum* Sow.

Testacellus Teneriffœ D'Orb.

— *unguis* Lesson.

ADDENDA.

HAB. *Testacella haliotidea*. la Sicile (Philippi).
    Id.   *id.*   var. *scutulum*, la Creuze (De Cessac).
Testacella bisulcata, var. *major*, Bône (Brondel).

DIMENSIONS DE L'ŒUF DU *Test. Lartetii.*

Plus grand diamètre........................... 3 mill.
Petit diamètre................. .... 2 $\frac{1}{2}$ mill.
L'œuf est presque sphérique, mais un peu acuminé aux deux pôles.

NOTA. Nous avons reçu, après tirage, de MM. De Cessac et Joba, des Testacelles se rapportant au *T. haliotidea*. Nous ne les remercions pas moins de leur obligeance à mettre à notre disposition les Mollusques dont ils disposaient.

La Testacelle de la Creuse se rapporte au *T. scutulum* des Anglais ; celle de Metz est presque albine et beaucoup plus grande que celle du Sud-Ouest : c'est l'*haliotidea* acclimatée.

EXPLICATION DE LA PLANCHE I.

Fig. 1. Bouche, — poche buccale, — poche linguale du *Test. haliotidea. a* lèvres; *b* ouverture buccale; *c* rétracteur des lèvres; *d* protracteurs externes; *e* constricteurs de la bouche; *f* poche buccale; *g* poche linguale; *h* rétracteurs de la poche linguale; *i* rétracteurs postérieurs.

Fig. 2. Système digestif du *Test. Maugei*. Disposition des ganglions. *a* lèvres; *b* poche buccale; *c* poche linguale; *d* insertion des rétracteurs; *e* rétracteurs; *f* œsophage; *g* muscles extrinsèques de l'estomac; *h* estomac; *i* insertion des conduits biliaires; *j* intestins; *k* rectum; *l* anus; *m* ganglions sus-œsophagiens; *n* commissures; *o* ganglions pédieux; *p* commissure; *q* ganglions stomato-gastriques.

Fig. 3. Estomac et glandes salivaires du *Test. haliotidea. a* œsophage; *b* tubérosité de l'estomac; *c* estomac; *d* canaux excréteurs des glandes salivaires; *e* glande salivaire droite écartée de l'estomac pour montrer les filaments.

Fig. 4. Glande salivaire du *Test. haliotidea. a* conduit excréteur; *b* glande *c* filaments.

Fig. 5. Muscle interne de la poche linguale étalé. *a* extrémité libre; *b* nervure médiane; *c* bords; *d* extrémité inférieure adhérente (*T. Maugei*).

Fig. 6. Plaque linguale vue en dessous (*T. haliotidea*). *a* séries de spinules; *b* raphé médian; *c, c* bandelettes qui assujétissent la plaque sur le muscle interne.

Fig. 7. La même vue en dessus. *a* séries de spinules; *b* endroit où elles s'enfoncent entre les deux bord du muscle interne; *c-d* nervure médiane de ce muscle; *e* appendice.

Fig. 8. Disposition des spinules sur la plaque linguale, près du raphé postérieur (*T. Maugei*).

Fig. 9. Spinule de *T. haliotidea. a* pointe antérieure; *b* corps de la spinule; *c* crochet antérieur; *d* appendice mousse; *e* surface d'insertion.

Fig. 10. Spinule de *T. Maugei*. Quelques jours après l'éclosion.

Fig. 11. Spinule de *T. Maugei*. adulte.

Fig. 12. Spinule de *T. bisulcata* adulte

Fig. 13. Système nerveux de *T. haliotidea. a* ganglions sus-œsophagiens; *b* stomato-gastriques; *c* pédieux; *d* commissure des sus-œsophagiens et stomato-gastriques; *e* commissures des sus-œsophagiens et pédieux; *f* nerfs de la bouche; *g* des lèvres; *h, i* des téguments des tentacules; *j* nerfs tentaculaires; *k* de l'œsophage; *l* de la poche linguale; *m* ganglions antérieurs pédieux; *n* nerfs qu'ils fournissent; *o* ouverture aortique ; *p* ganglions moyens pédieux ; *q* ganglion postérieur pédieux ; *r* nerfs des rétracteurs de la poche linguale ; *s* nerfs du plan locomoteur.

Fig. 14. Tentacules du *Test. haliotidea. a* ganglions sus-œsophagiens ; *b* nerfs tentaculaires réunis ; *c* tentacule supérieur ; *d* bouton ; *e* tentacule inférieur ; *f* bouton ; *g* tendon rétracteur commun.

Fig. 15. Système reproducteur du *Test. Maugei. a* organe en grappe ; *b* canal ; *c* glande albuminipare ; *d* matrice ; *e* canal déférent ; *f* le même libre ; *g* verge ; *h* rétracteur antérieur ; *i* flagellum ; *j* rétracteur postérieur ; *k* col de la poche copulatrice ; *l–m* poche commune ; *n* ouverture sexuelle

EXPLICATION DE LA PLANCHE II.

<table>
<tr><td>

Testacella Maugei, fig. 1 a — 1 F.

 — *Lartetii*, fig. 2 a — 2 D.

 — *asinina*, fig. 3.

 — *Companyonii*, fig. 4 a — 4 B.

 — *bisulcata*, fig. 5 a — 5 C.

  Id. var. *major*. fig. 5 D.

Test. haliotidea, fig. 6 a — 6 D.

  Id. var. *elongata*, fig. 6 E.

  Id. var. *scutulum*, fig. 6 F.

  Id. var. fig. *trigona*, fig. 6 G.

Test. auriculata, fig. 7.

</td><td>

ADDENDA A LA PLANCHE II.

Test. Maugei, 1 B. var. *alb.*; 1 C. cocon ; 1 D. anim. et lombric ; 1 E. œuf; 1 F. coquille.

Test. Lartetii, 2 A. typ. (Noulet). 2 B. typ. (Lartet et Dupuy ; ; 2 C. œuf.

5 A. anim. de *bisulcata*; 5 B. coquille ; 5 D. var. d'Afrique ; 5 C. œuf.

6 A. *haliotidea* (animal); 6 B. var. *elongata* morte ; 6 C. coquille.

6 D. œufs; 6 E. coq. var. *elongata*.

</td></tr>
</table>

SOMMAIRE.

<table>
<tr><td></td><td>Pag.</td><td></td><td>Pag.</td></tr>
<tr><td>INTRODUCTION</td><td>3</td><td>Étude des espèces et variétés.</td><td>36</td></tr>
<tr><td>Historique du Genre</td><td>5</td><td>Espèces à exclure</td><td>51</td></tr>
<tr><td>Anatomie.</td><td>10</td><td>Distribution géographique.</td><td>53</td></tr>
<tr><td>Rapports généraux des organes.</td><td>20</td><td>Index</td><td>54</td></tr>
<tr><td>Observations sur les mœurs</td><td>22</td><td>Explication des Planches.</td><td>55</td></tr>
<tr><td>Classification du genre.</td><td>32</td><td></td><td></td></tr>
</table>

Septembre 1856.

BORDEAUX. — IMPRIMERIE DE TH. LAFARGUE, LIBRAIRE , Rue Puits de Bagne-Cap , 8.

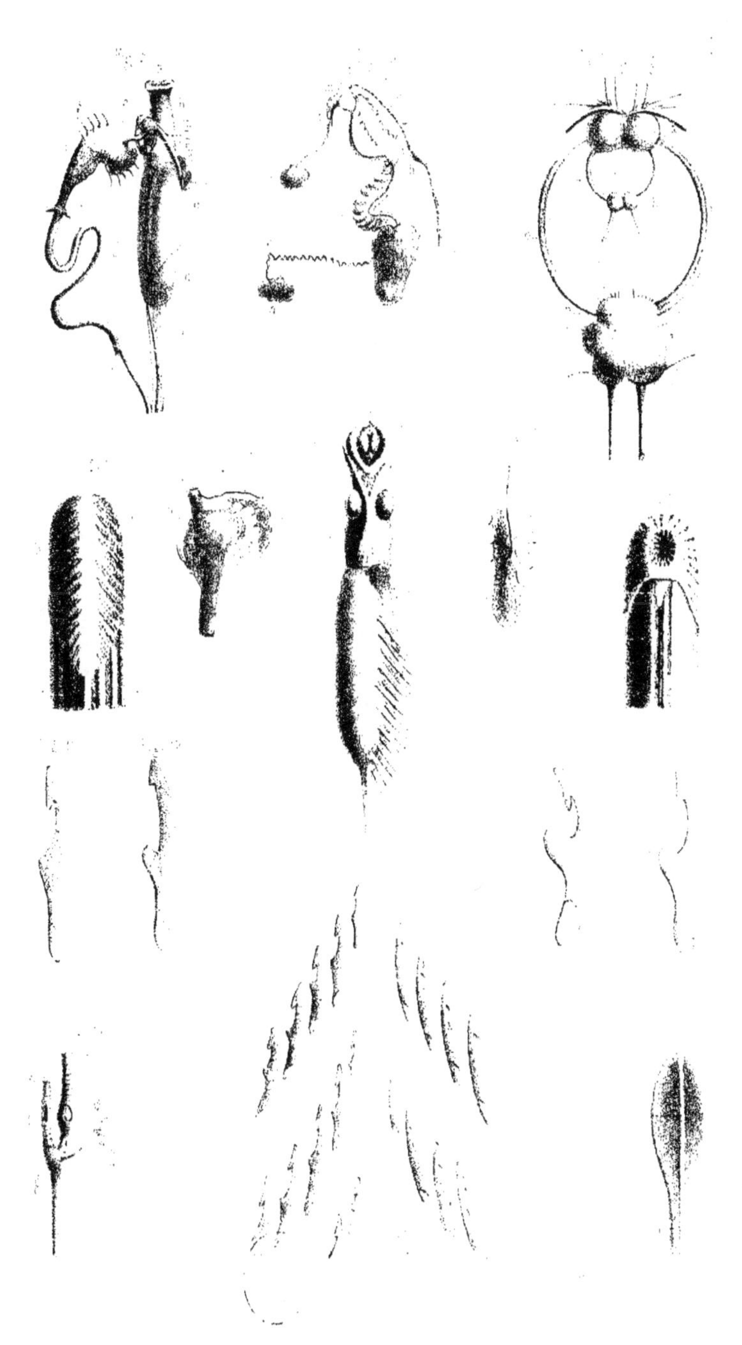

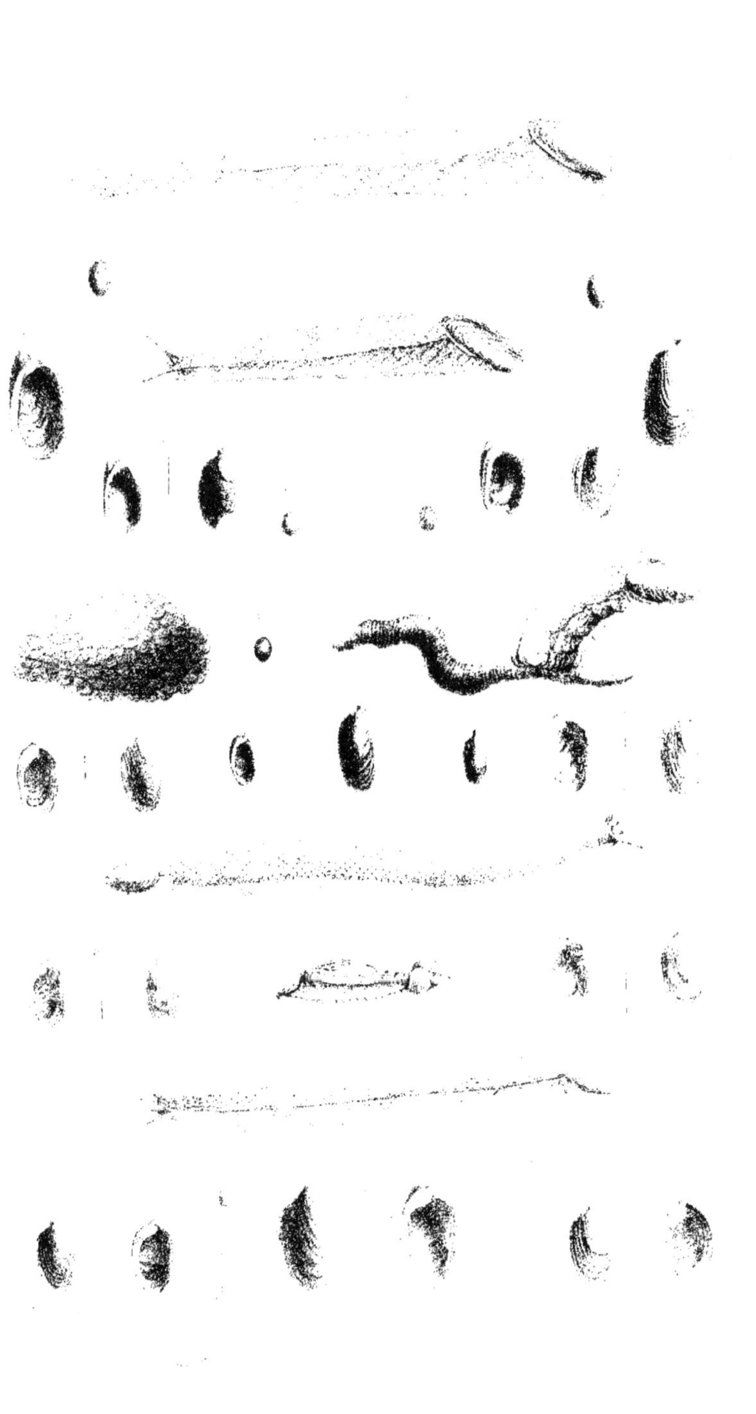

www.ingramcontent.com/pod-product-compliance
Lightning Source LLC
LaVergne TN
LVHW021809170726
843503LV00007B/3112